はじめに

JN089182

　自分の苦手なところを知って、その部分を練習してできるようにするというのは学習の基本です。

　それは学習だけでなく、運動でも同じです。

　自分の苦手なところがわからないと、算数全部が苦手だと思ったり、算数が嫌いだと認識したりしてしまうことがあります。少し練習すればできるようになるのに、ちょっとしたつまずきやかんちがいをそのままにして、算数嫌いになってしまうとすれば、それは残念なことです。

　このドリルは、チェックで自分の苦手なところを知り、ホップ、ステップでその苦手なところを回復し、たしかめで自分の回復度、達成度、伸びを実感できるように構成されています。

　チェックでまちがった問題も、ホップ・ステップで練習をすれば、たしかめが必ずできるようになり、点数アップと自分の伸びが実感できます。

　チェックは、各単元の問題をまんべんなく載せています。問題を解くことで、自分の得意なところ、苦手なところがわかるように構成されています。

　ホップ・ステップでは、学習指導要領の指導内容である知識・技能、思考・判断・表現といった資質・能力を伸ばす問題を載せています。計算や図形などの基本的な性質などの理解と計算などを使いこなす力、文章題など筋道を立てて考える力、理由などを説明する力がつきます。

　チェックの各問題のあとに ホップ 1 へ！ ステップ 1 へ！ などと示し、まちがった問題や苦手な問題を補強するための類似問題が、ホップ・ステップのどこにあるのかがわかるようになっています。

　さらに、ジャンプは発展的な問題で、算数的な考え方をつける問題を載せています。少しむずかしい問題もありますが、チェック、ホップ、ステップ、たしかめがスラスラできたら、挑戦してください。

　また、各学年の学習内容を14単元にまとめていますので、テスト前の復習や短時間での１年間のおさらいにも適しています。

　このドリルで、算数の苦手な子は自分の弱点を克服し、得意な子はさらに自信を深めて、わかる喜び、できる楽しさを感じ、算数を好きになってほしいと願っています。

学力の基礎をきたえどの子も伸ばす研究会

★このドリルの使い方★

チェック

まずは自分の実力をチェック！

答え合わせをしてまちがえたら、問題の ホップ 1 へ！ 、 ステップ 2 へ！

といった矢印を確認しましょう。

※おうちの方へ
　……低学年の保護者の方は、ぜひいっしょに答え合わせと採点をしてあげてください。
　そして、できたこと、できなくてもチャレンジしたことを認めてほめてあげてください。できることも大切ですが、学習への意欲を育てることも大切です。

ホップ と ステップ

チェック で確認したやじるしの問題に取り組みましょう。

まちがえた問題も、これでわかるようになります。

たしかめ

改めて実力をチェック！

ホップ、ステップ に取り組んだあなたなら、きっと **チェック** のときよりも点数が伸びているはずです。

ジャンプ

もっとできるあなたにチャレンジ問題。

ぜひ挑戦してみてください。

★ぎゃくてん！算数ドリル　小学5年生　もくじ★

はじめに　　　…………………………………1

使い方　　　　…………………………………2

もくじ　　　　…………………………………3

整数と小数　　…………………………………4

体積　　　　　…………………………………12

比例　　　　　…………………………………20

小数のかけ算・わり算　………………………28

合同な図形　　…………………………………36

整数の性質　　…………………………………44

図形の角　　　…………………………………52

分数のたし算・ひき算　………………………60

分数と小数・整数の関係　……………………68

平均と単位量あたりの大きさ　………………76

割合　　　　　…………………………………84

正多角形と円　…………………………………92

図形の面積　　…………………………………100

角柱と円柱　　…………………………………108

ジャンプ　　　…………………………………116

答え　　　　　…………………………………128

月　　　日

名前

1 □ にあてはまる数を書きましょう。　　　　　　　　　　（1問4点／12点）

① $64.3 = 10 \times \boxed{} + 1 \times \boxed{} + 0.1 \times \boxed{}$

② $2.57 = 1 \times \boxed{} + 0.1 \times \boxed{} + 0.01 \times \boxed{}$

③ $7.901 = 1 \times \boxed{} + 0.1 \times \boxed{} + 0.01 \times \boxed{}$

$+ 0.001 \times \boxed{}$

ホップ **2** へ!

2 □ にあてはまる不等号を書きましょう。　　　　　　　　（1問4点／16点）

① $0 \boxed{} 0.01$　　　　② $0.1 \boxed{} 0.01$

③ $6 \boxed{} 6.25 - 2.5$　　　④ $4.02 - 0.2 \boxed{} 4$

ホップ **3** **4** へ!

3 2.64 を 10 倍、100 倍した数をそれぞれ求めましょう。
　　　　　　　　　　　　　　　　　　　　　　　　　　　（1問4点／8点）

① 10 倍 （　　　　　　）　　② 100 倍 （　　　　　　）

ホップ **1** ステップ **1** へ!

4 次の数は、7.21 を何倍した数ですか。　　　　　　　　（1問4点／8点）

① 721 　（　　　　　　）　② 72.1 　（　　　　　　）

ホップ **1** ステップ **3** へ!

5 615 を $\frac{1}{10}$、$\frac{1}{100}$ にした数をそれぞれ求めましょう。

(1問4点／8点)

① $\frac{1}{10}$ （　　　　　　）　　　② $\frac{1}{100}$ （　　　　　　）

ホップ 1 ステップ 2 4 へ!

6 次の数は、それぞれ 13.8 を何分の一にした数ですか。

(1問4点／12点)

① 1.38　　　　　② 0.0138　　　　　③ 0.138

（　　　　　）　　　（　　　　　）　　　（　　　　　）

ステップ 4 へ!

7 2.905 は、0.001 を何<ruby>個<rt>なんこ</rt></ruby>集めた数ですか。

(6点)

（　　　　　　　）

ステップ 5 6 へ!

8 次の計算をしましょう。

(1問5点／30点)

① 2.53 × 10　　　　　② 48.4 × 100

③ 6.907 × 1000　　　　④ 12.8 ÷ 10

⑤ 0.7 ÷ 100　　　　　⑥ 35.6 ÷ 1000

ホップ 5 へ!

点

がんばったね!

整数と小数

名前 _____ 　　月　　日

1 ☐ にあてはまる言葉を ┌┄┐ から選んで書きましょう。

① 小数や整数を 10 倍、100 倍すると、位はそれぞれ

1 けた、2 けた ☐ 。

小数点の位置は、それぞれ ☐ に 1 けた、2 けたうつる。

② 小数や整数を $\frac{1}{10}$、$\frac{1}{100}$ にすると、位はそれぞれ

1 けた、2 けた ☐ 。

小数点の位置は、それぞれ ☐ に 1 けた、2 けたうつる。

┌┄┄┄┄┄┄┄┄┄┄┄┄┄┄┄┐
┆ 下がる　右　左　上がる ┆
└┄┄┄┄┄┄┄┄┄┄┄┄┄┄┄┘

2 ☐ にあてはまる数字を書きましょう。

① $254.2 = 100 \times \boxed{} + 10 \times \boxed{} + 1 \times \boxed{}$

$+ 0.1 \times \boxed{}$

② $1.508 = 1 \times \boxed{} + 0.1 \times \boxed{} + 0.01 \times \boxed{}$

$+ 0.001 \times \boxed{}$

3 □ にあてはまる不等号を書きましょう。

① 0 □ 0.001   ② 4.5 □ 4.059

4 1.246 は 0.001 を何個集めた数か考えます。□ にあてはまる数を書きましょう。

0.006 …… 0.001 を ① □ 個

0.04 …… 0.001 を ② □ 個

0.2 …… 0.001 を ③ □ 個

1 …… 0.001 を ④ □ 個

よって、1.246 は 0.001 を ⑤ □ 個集めた数です。

5 次の計算をしましょう。

① 2.19 × 10   ② 62.7 × 100

③ 5.21 ÷ 10   ④ 10.3 ÷ 100

\できた度/
☆☆☆☆☆

ステップ　整数と小数

名前　　　　月　　　日

1 24.7 を 10 倍、100 倍した数をそれぞれ求めましょう。

① 10 倍 (　　　　　　)　　　② 100 倍 (　　　　　　)

2 65.8 を $\frac{1}{10}$、$\frac{1}{100}$ にした数をそれぞれ求めましょう。

① $\frac{1}{10}$ (　　　　　　)　　　② $\frac{1}{100}$ (　　　　　　)

3 次の数は、9.42 を何倍した数ですか。

① 9420　　　　　　　② 942

(　　　　　　)　　　　　　(　　　　　　)

4 次の数は、41.6 を何分の一にした数ですか。

① 0.416　　　　　　② 4.16

(　　　　　　)　　　　　　(　　　　　　)

5 次の数は、0.001 を何個集めた数ですか。

① 0.008　　　② 0.053　　　③ 2.708
（　　　　　）　（　　　　　）　（　　　　　）

6 次の数だけ 0.001 を集めた数はいくつですか。

① 384 個　　（　　　　　　　　）

② 6720 個　（　　　　　　　　）

7 次の数は、32.7 を何分の一にした数ですか。

① 3.27　　　　　　　② 0.327
（　　　　）　　　　　（　　　　）

8 75.4 を $\frac{1}{10}$、$\frac{1}{100}$ にした数をそれぞれ求めましょう。

① $\frac{1}{10}$ （　　　　　）　　② $\frac{1}{100}$ （　　　　　）

\できた度/
☆☆☆☆☆

整数と小数

月　　　日
名前

1 □にあてはまる数を書きましょう。 (1問4点／12点)

① $26.7 = 10 \times \boxed{} + 1 \times \boxed{} + 0.1 \times \boxed{}$

② $4.15 = 1 \times \boxed{} + 0.1 \times \boxed{} + 0.01 \times \boxed{}$

③ $9.032 = 1 \times \boxed{} + 0.1 \times \boxed{} + 0.01 \times \boxed{}$

$+ 0.001 \times \boxed{}$

2 □にあてはまる不等号を書きましょう。 (1問4点／16点)

① $0.9 \boxed{} 0.01$ 　　② $3.08 \boxed{} 3.12$

③ $0.91 \boxed{} 1.02$ 　　④ $1.015 \boxed{} 1.105$

3 5.03 を 10 倍、100 倍した数を求めましょう。 (1問4点／8点)

① 10倍（　　　　　　）　　② 100倍（　　　　　　）

4 次の数は、1.09 を何倍した数ですか。 (1問4点／8点)

① 1090　（　　　　　　）② 10.9　（　　　　　　）

5 42.7 を $\frac{1}{10}$、$\frac{1}{100}$ にした数を求めましょう。 （1問4点／8点）

① $\frac{1}{10}$ （　　　　　）　　　② $\frac{1}{100}$ （　　　　　）

6 次の数は、50.7 を何分の一にした数ですか。 （1問4点／12点）

① 0.507　　　　② 0.0507　　　　③ 5.07

（　　　　　）　　（　　　　　）　　（　　　　　）

7 8.203 は、0.001 を何個集めた数ですか。 （6点）

（　　　　　　　）

8 次の計算をしましょう。 （1問5点／30点）

① 0.74 × 10　　　　　　② 92.3 × 100

③ 1.05 × 1000　　　　　④ 0.56 ÷ 10

⑤ 4.83 ÷ 100　　　　　⑥ 57.3 ÷ 1000

チェック　点

たしかめ　点

体積

名前 _____ 月 ____ 日 ____

1 次の直方体や立方体の体積を求めましょう。 （式・答え5点／20点）

①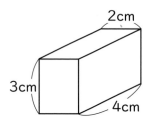

式

答え _____

②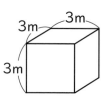

式

答え _____

ホップ 1 2 へ！

2 次の図は直方体の展開図です。この直方体の体積を求めましょう。 （式・答え5点／10点）

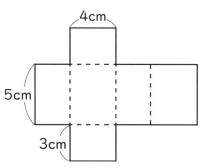

式

答え _____

ホップ 5 へ！

3 ▭ にあてはまる数を書きましょう。 （1問5点／10点）

① $2m^3 = $ ▭ L   ② $3000cm^3 = $ ▭ L

ホップ 3 4 へ！

4 次の立体の体積を求めましょう。　(式・答え 10点／40点)

① 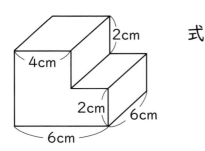 式

答え _____

② 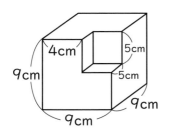 式

答え _____

ステップ **2** **4** へ！

5 次のような厚さ 1cm のガラスの水そうがあります。

(式・答え 5点／20点)

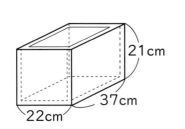

① この水そうの容積を求めましょう。

式

答え _____

② この水そうに 3.5L の水を入れました。水の高さは水底から何 cm になりますか。

式

答え _____

ステップ **3** へ！

点

ホップ　体積

1 次の □ にあてはまる言葉を書きましょう。

① 直方体の体積＝ [ ] × [ ] × [ ]

② 立方体の体積＝ [ ] × [ ] × [ ]

2 次の立体の体積を求めましょう。

①

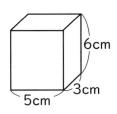

6cm
3cm
5cm

式

答え _____

②

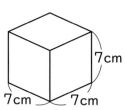

7cm
7cm　7cm

式

答え _____

③　たて 4cm、横 5cm、高さ 8cm の直方体

式

答え _____

④　1辺が 10cm の立方体

式

答え _____

3 $2m^3$ は何 cm^3 かを考えます。 □ にあてはまる数を書きましょう。

$1m^3 =$ ☐ $cm \times$ ☐ $cm \times$ ☐ cm

$=$ ☐ cm^3 だから

$2m^3 =$ ☐ $cm^3 \times 2$

$=$ ☐ cm^3

4 □ にあてはまる数を書きましょう。

① $7m^3 =$ ☐ cm^3

② $30cm^3 =$ ☐ mL

③ $2m^3 =$ ☐ L

5 次の図は立方体の展開図です。この立方体の体積を求めましょう。

式

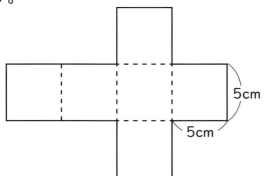

5cm
5cm

答え _____

\ できた度 /
☆☆☆☆☆

ステップ　体積

名前　　　　　　　　　月　　　日

1 次の図は直方体の展開図^{てんかいず}です。この直方体の体積を求めましょう。

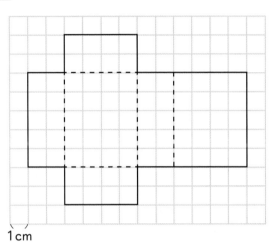

1cm

式

答え _____

2 次の立体の体積を求めましょう。

①

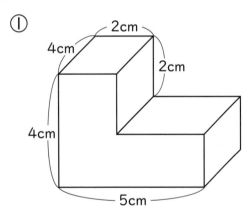

式

答え _____

②

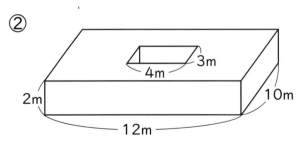

式

答え _____

― 16 ―

3 次の立体の高さを求めましょう。

① たて 5cm、横 7cm で体積が 210cm^3 の直方体

式

答え _____

② たて 25cm、横 40cm で、体積が 4500cm^3 の直方体

式

答え _____

4 次の立体の体積を求めましょう。

①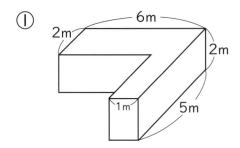

式

答え _____

②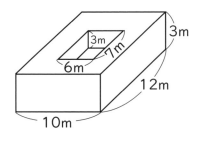

式

答え _____

名前　　　　　　　　　　　月　　　日

1 次の直方体や立方体の体積を求めましょう。　　　（式・答え 5 点／ 20 点）

①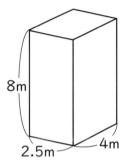

8m
2.5m　4m

②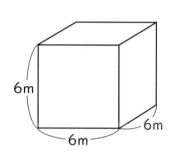

6m
6m　6m

式

答え

式

答え

2 次の図は立方体の展開図です。この立方体の体積を求めましょう。　　　（式・答え 5 点／ 10 点）

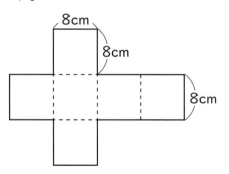

8cm
8cm
8cm

式

答え

3 □にあてはまる数を書きましょう。　　　（1 問 5 点／ 10 点）

① 1 L は 1 辺が □ cm の立方体の体積と同じです。

② 体積が 1 m³ の立方体の 1 辺の長さは □ m です。

4 次の立体の体積を求めましょう。 （式・答え 10 点／40 点）

①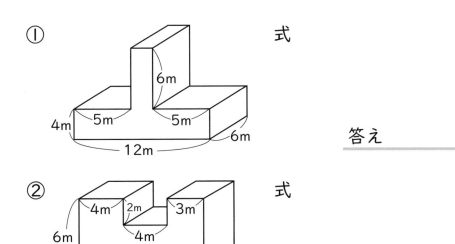

式

答え _____

②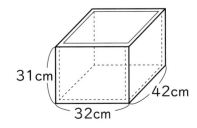

式

答え _____

5 次のような厚さ 1cm の木箱があります。 （式・答え 5 点／20 点）

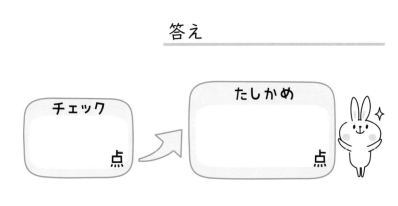

① この木箱の容積を求めましょう。

式

答え _____

② この木箱に 1.2L のすなを入れました。すなの高さは、木箱の底から何 cm になりますか。

式

答え _____

チェック

点

たしかめ

点

1 ある水そうに水を入れると、1Lごとに水の深さが2cmずつ増えていきます。

① 水の量□Lと水の深さ○cmの関係を下の表にまとめます。表の空いているところをうめて、表を完成させましょう。 (20点)

水の量□（L）	1	2		4	5	
水の深さ○（cm）	2		6			12

② 水の量□Lが2倍、3倍、4倍……になると、水の深さ○cmはどのように変わりますか。 (10点)

(　　　　　　　　　　　　　　)

③ 水の量□Lは、水の深さ○cmに比例していますか。 (10点)

(　　　　　　　　　　　　　　)

④ 水の量が10Lのときの水の深さは何cmですか。 (10点)

(　　　　　　　　　　　　　　)

ホップ **1** ステップ **1** **3** へ!

2 次のともなって変わる2つの量について答えましょう。

(1) 12本のえんぴつを兄と妹で分けたとき、兄〇本は妹□本に比例していますか。 (10点)

兄〇（本）	1	2	3	4	5
妹□（本）	11	10	9	8	7

(   )

(2) 横の長さが4cmの長方形のたての長さ〇cmと面積□cm^{2}の関係を下の表にまとめました。

たての長さ〇（cm）	1	2	3	4	5
面積□（cm^2）	4	8	12	16	20

① たての長さ〇cmは面積□cm^{2}に比例していますか。 (10点)

(   )

② たての長さが15cmのとき、面積は何cm^{2}ですか。 (15点)

(   )

③ 面積が48cm^{2}になるのは、たての長さが何cmのときですか。 (15点)

(   )

1 高さが 1cm で、20cm^3 の直方体があります。

① 高さ□ cm が 2cm、3cm……のとき、体積○ cm^3 はそれぞれ何 cm^3 になりますか。あてはまる数を書いて、下の表を完成させましょう。

高さ□(cm)	1	2	3	4	5	6	
体積○(cm^3)	20						

② 高さ□ cm が 2 倍、3 倍、4 倍……になると、体積○ cm^3 はどのように変わりますか。

（　　　　　　　　　　　　）

③ 体積は、高さに比例_{ひれい}していますか。

（　　　　　　　　　　　　）

④ 高さが 10cm のときの体積は何 cm^3 ですか。

（　　　　　　　　　　　　）

⑤ 体積が 240cm^3 のときの高さは何 cm^3 ですか。

（　　　　　　　　　　　　）

2 次のともなって変わる2つの量で、○は□に比例していますか。比例しているものには◎を、していないものには×をつけましょう。

① 10個入りのたまごを使った数□個と、残りの数○個

使った数□（個）	1	2	3	4	5	
残りの数○（個）	9	8	7	6	5	

（　　）

② 1本2Lのジュースが□本あるときの、ジュースの全体の量○L

本数□（本）	1	2	3	4	5	
全体の量（L）	2	4	6	8	10	

（　　）

3 次のともなって変わる2つの量で、○は□に比例しています。□が12のときの○を求めましょう。

① たての長さが6cmの長方形の、横の長さ□cmと面積○cm^2

（　　　　　　）

② 1個40gのかんづめの個数□個と全体の重さ○g

（　　　　　　）

\ できた度 /
☆☆☆☆☆

－ 23 －

比例

1 次の表は、1 m あたり 2.4kg の鉄のぼうの長さ□m と重さ○kg の関係を表しています。

長さ□(m)	1	2	3	4	5	6	
重さ○(kg)	2.4						

① あてはまる数を入れて表を完成させましょう。

② 重さ○kg は、長さ□m に比例していますか。

（　　　　　　　　　　）

③ □と○の関係を式で表しましょう。

（　　　　　　　　　　）

④ □が 10 のときの、○の数を求めましょう。

（　　　　　　　　　　）

⑤ ○が 28.8 のときの、□の数を求めましょう。

（　　　　　　　　　　）

2 次のともなって変わる２つの量で、○は□に比例していますか。比例しているものには◎を、していないものには×をつけましょう。

① ２さいちがいの姉○さいと、弟□さいの年れい

(   )

② たて 2cm の長方形の横○ cm と面積□ cm^2

(   )

③ Ｌサイズのリンゴ３個とMサイズのリンゴ□個を買ったときの、リンゴの数の合計○個

(   )

3 １分間に 1.2 Ｌずつ水を出したときの、時間□分と水の量○Ｌについて考えます。

① あてはまる数を入れて表を完成させましょう。

時間□（分）	1	2			5	6
水の量○（L）	1.2		3.6			

② □と○の関係を式で表しましょう。

(   )

＼できた度／
☆☆☆☆☆

比例

名前

月　　日

1　次の表は、ケーキの数と代金の関係を表したものです。

ケーキの数□（個）	1	2		4	5		
代金○（円）	350		1050			2100	

①　あてはまる数を入れて、表を完成させましょう。　(20点)

②　ケーキの数□個が２倍、３倍、４倍……になると、代金○円はどのように変わりますか。　(10点)

（　　　　　　　　　　　　　　　　）

③　ケーキの数□個は、代金○円に比例していますか。　(10点)

（　　　　　　　　　　　　　　　　）

④　ケーキの数が12個のとき、代金はいくらですか。　(10点)

（　　　　　　　　　　　　）

2 次のともなって変わる2つの量について答えましょう。

(1) 下の表で、1個100円のキウィ□個と50円のカゴ1個を買うときの代金○円は、キウィの個数に比例していますか。 (10点)

個数□（個）	1	2	3	4	5
代金○（円）	150	250	350	450	550

(   )

(2) 1分間に1.5Lずつ水を出した時間□分と水の量○Lの関係を下の表にまとめました。

時間□（分）	1	2	3	4	5
水の量○（L）	1.5	3	4.5	6	7.5

① 水を出した時間□分と水の量○Lは比例していますか。(10点)

(   )

② 20分水を出したとき、水の量は何Lですか。 (15点)

(   )

③ 水の量が21Lになるのは何分のときですか。 (15点)

(   )

チェック
点

たしかめ
点

小数のかけ算・わり算

名前 _____

月　　　日

1 次の計算をしましょう。　　　　　　　　　　　　（1問10点／30点）

①
```
    2 1
×   3.4
```

②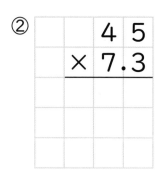
```
      4 5
×     7.3
```

③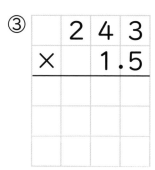
```
    2 4 3
×     1.5
```

ホップ **1** へ！

2 次の計算をしましょう。　　　　　　　　　　　　（1問10点／30点）

①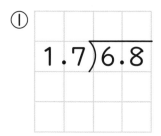
```
1.7)6.8
```

②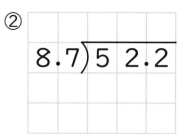
```
8.7)5 2.2
```

③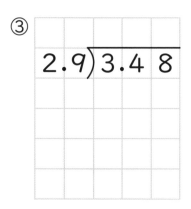
```
2.9)3.4 8
```

ホップ **2** へ！

3 積や商が、もとの数より小さくなるのはどの式ですか。( )に
記号を書きましょう。
(1つ5点／10点)

⑦ 2.5 × 0.7 　　 ⑦ 3.8 × 1.5

⑦ 6.3 ÷ 2.1 　　 ⑦ 4.8 ÷ 0.6 　　　　 (　　 , 　　)

ステップ 1 5 へ!

4 たて 8.7cm、横 5.3cm の長方形の面積を求めましょう。
(式・答え5点／10点)

式

答え _____

ステップ 2 3 4 へ!

5 1 m の重さが 2.78kg の鉄のぼうがあります。このぼう 6.2 m
の重さを求めましょう。
(式・答え5点／10点)
式

答え _____

ステップ 2 3 4 へ!

6 4.2 L の重さが 2.52kg の灯油があります。この灯油の 1 L の
重さを求めましょう。
(式・答え5点／10点)
式

答え _____

ステップ 6 7 8 へ!

点

小数のかけ算・わり算

名前 _____

月 ____ 日 ____

1 次の計算をしましょう。

①
```
   2.7
 × 7.1
```

②
```
   5.4
 × 7.4
```

③
```
   3.12
 ×  2.4
```

④
```
   0.24
 ×  4.6
```

⑤
```
   0.65
 ×  3.9
```

⑥
```
   4.18
 ×  2.3
```

⑦
```
   2.77
 ×  4.8
```

⑧
```
   7.79
 ×  7.6
```

⑨
```
   5.69
 ×  5.8
```

2 次の計算をしましょう。

① $3.2\overline{)9.6}$

② $2.1\overline{)6.3}$

③ $2.7\overline{)5.4}$

④ $2.3\overline{)13.8}$

⑤ $7.3\overline{)43.8}$

⑥ $9.3\overline{)83.7}$

⑦ $2.6\overline{)5.98}$

⑧ $1.8\overline{)3.06}$

\ できた度 /
☆☆☆☆☆

小数のかけ算・わり算

名前　　　　　　月　　　日

1 　次の□には、すべて同じ０より大きい数が入ります。積がかけられる数より小さくなるのはどれですか。記号を（　）に書きましょう。

　⑦ □ × 0.9　　　① □ × 3.2　　　　　　（　　　　）

　⑦ □ × 1.01　　① □ × 0.07　　　　　　（　　　　）

2 　1 m のねだんが 75 円のリボンを 2.4 m 買いました。代金を求めましょう。

　式

　　　　　　　　　　　　　　　　　　答え

3 　たてが 4.92 m、横が 7.5 m の花だんの面積を求めましょう。

　式

　　　　　　　　　　　　　　　　　　答え

4 　8.6 にある数をかけるつもりが、たしてしまって、答えが 10.5 になりました。このかけ算の正しい答えを求めましょう。

　式

　　　　　　　　　　　　　　　　　　答え

5 商が７より大きくなるのはどれですか。記号を（　）に書きましょう。

⑦　7 ÷ 1.5　　　④　7 ÷ 0.3　　　（　　　　　）

⑨　7 ÷ 0.06　　①　7 ÷ 2　　　（　　　　　）

6 たての長さが7.5cmで、面積が42cm²の長方形があります。横の長さを求めましょう。

式

答え

7 3.5 m のリボンを、1 人に 0.8 m ずつ配ります。何人に配れて何mあまりますか。

式

答え

8 8.5m の重さが 6.8kg のぼうがあります。このぼう 1 m の重さを求めましょう。

式

答え

\できた度/
☆☆☆☆☆

小数のかけ算・わり算

名前 ＿＿＿＿＿＿＿

月　　　日

1 次の計算をしましょう。 （1問10点／30点）

①
```
    3.2
×   2.4
```

②
```
    0.7
×   0.6
```

③
```
    0.74
×    2.8
```

2 次の計算をしましょう。 （1問10点／30点）

①
```
2.7)5.4
```

②
```
9.5)66.5
```

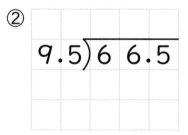

③
```
2.7)7.02
```

3 積や商が、もとの数より小さくなるのはどの式ですか。（　）に記号を書きましょう。

（1つ5点／10点）

　⑦　6.2 × 5.6　　　④　4.3 × 0.6

　⑤　56 ÷ 1.2　　　⑤　27 ÷ 0.2

（　　,　　）

4 あきらさんの体重は 35.6kg で、妹の体重はあきらさんの 0.7 倍です。妹の体重を求めましょう。

（式・答え5点／10点）

式

答え _____

5 たての長さが 7.5 m で、面積が 42m² の長方形の花だんがあります。横の長さを求めましょう。

（式・答え5点／10点）

式

答え _____

6 24 L のジュースを 1.8 L ずつペットボトルにつめます。ペットボトルは何本できて、ジュースは何 L あまりますか。

（式・答え5点／10点）

式

答え _____

チェック
点

たしかめ
点

チェック　合同な図形

月　日

名前

1 Ⓐ、Ⓑと合同な図形を見つけて（ ）に記号を書きましょう。

（1つ10点／20点）

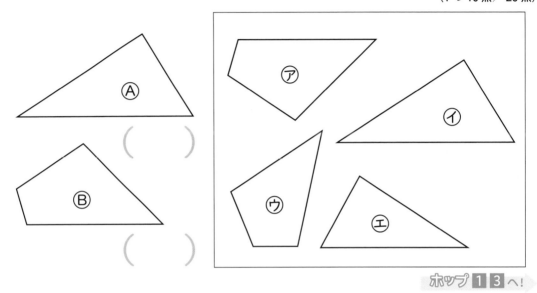

（ ）

（ ）

ホップ**1 3**へ!

2 次の四角形ⓐとⓘは合同です。

（1問10点／30点）

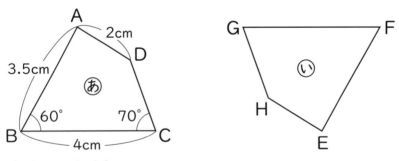

① 頂点Aに対応する頂点はどれですか。（ ）

② 辺EFの長さは何cmですか。（ ）

③ 角Gの大きさは何度ですか。（ ）

ホップ**2**へ!

— 36 —

3　2つの辺の長さが 7cm、4cm で、その間の角の大きさが 65°の
三角形をかきましょう。　　　　　　　　　　　　　　　　　（15点）

ステップ **1** へ！

4　次の四角形と合同な四角形をかきましょう。　　　　　（15点）

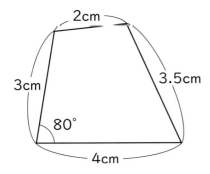

ステップ **3** へ！

5　次の平行四辺形と合同な平行四辺形をかきましょう。　（20点）

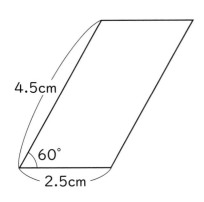

ステップ **3** へ！

点

合同な図形

名前　　　　　　　　月　　　　日

1 ◻ にあてはまる言葉を書きましょう。

ぴったり重ね合わせることのできる 2 つの図形は

◻ であるといいます。

うら返すとぴったり重ね合わせることのできる 2 つの

図形も ◻ であるといいます。

2 合同な図形の組み合わせを、記号で書きましょう。

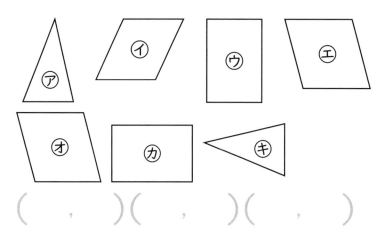

(　　,　　) (　　,　　) (　　,　　)

3 次の 2 つの三角形は合同です。それぞれに対応する頂点や辺、角を書きましょう。

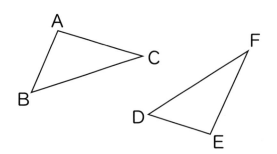

① 頂点A （　　　　　）

② 辺BC （　　　　　）

③ 角C （　　　　　）

— 38 —

4 ２本の対角線を引いてできる、４つの三角形が合同な図形はどれですか。２つ見つけて（　）に記号を書きましょう。

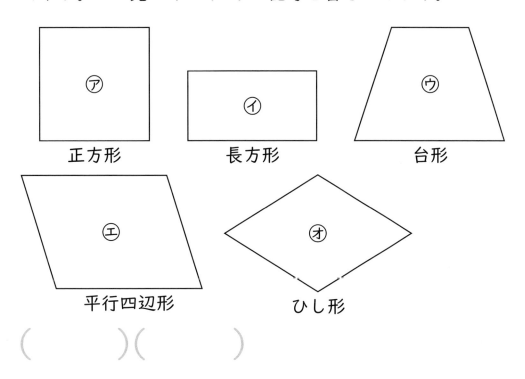

正方形　　　　長方形　　　　台形

平行四辺形　　　　ひし形

（　　　　）（　　　　）

5 次の２つの三角形で角Ａと角Ｄ、角Ｂと角Ｅ、角Ｃと角Ｆはそれぞれ等しい角度です。このとき、２つの三角形は合同であるといえますか。

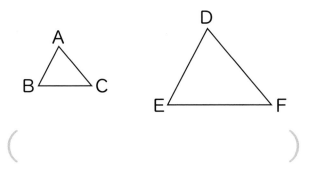

（　　　　　　　　　　　　　　）

\できた度/
☆☆☆☆☆

合同な図形

1 次のような三角形をかきましょう。

① 1辺の長さが5cm、その両はしの角度が50°と40°の三角形。

② 2つの辺がそれぞれ6cmと5cmで、その間の角が40°の三角形。

2 次のひし形と合同な図形をかきましょう。

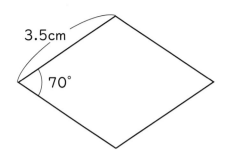

3.5cm
70°

3 次の四角形と合同な図形をかきましょう。

①

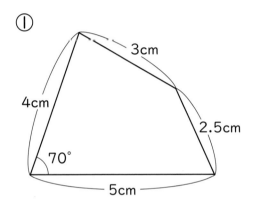

3cm
4cm
2.5cm
70°
5cm

② 平行四辺形

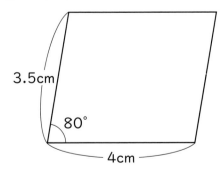

3.5cm
80°
4cm

\できた度/
☆☆☆☆☆

合同な図形

1 Ⓐ、Ⓑと合同な図形を見つけて記号で書きましょう。

（1つ10点／20点）

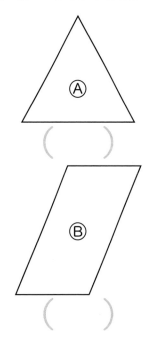

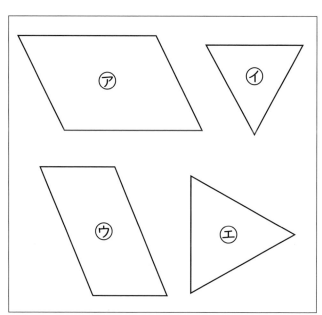

2 次の図形あとⓘは合同です。

（1問10点／30点）

① 頂点Aに対応する頂点はどれですか。

（　　　　　　　　　　）

② 辺FGの長さは何cmですか。

（　　　　　　　　　　）

③ 角Hの大きさは何度ですか。

（　　　　　　　　　　）

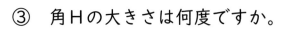

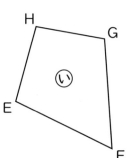

3 1つの辺の長さが8cmで、その両はしの角の大きさが30°と80°の三角形をかきましょう。 (15点)

4 次の平行四辺形と合同な図形をかきましょう。 (15点)

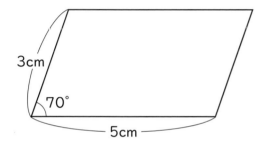

5 必要なところの角の大きさをはかって、次の三角形と合同な図形をかきましょう。 (20点)

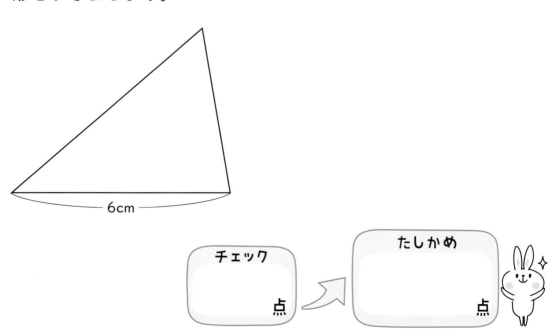

チェック 点

たしかめ 点

整数の性質

名前 ___月___ 日___

1 ☐ に偶数か奇数かを書いて、式にしましょう。　(1問5点／15点)

① 　偶数＋偶数＝ ☐

② 　偶数＋奇数＝ ☐

③ 　奇数＋奇数＝ ☐

2 次の数の倍数を小さい方から順に3つ書きましょう。

(1問5点／10点)

①　3　(　　　　　　　)　　②　4　(　　　　　　　)

3 次の数のうち、6の倍数を3つ書きましょう。　(完答15点)

8　　9　　12　　15　　18　　21　　24　　28

(　　)(　　)(　　)

4 次の数の約数をすべて書きましょう。　(1問5点／10点)

①　6　(　　　　　　　　　　　　)

②　8　(　　　　　　　　　　　　)

5 次の2つの数の公倍数を小さい方から順に3つ書きましょう。
（1問5点／10点）

① 3、4 （　　　　　　　　）　　② 4、6 （　　　　　　　　）

6 次の2つの数の最小公倍数を求めましょう。　　（1問5点／10点）

① 3、5 （　　　　　）　　② 6、8 （　　　　　）

7 次の2つの数の公約数をすべて書きましょう。　（1問5点／10点）

① 8、12 （　　　　　　　　　）

② 9、36 （　　　　　　　　　）

8 次の2つの数の最大公約数を書きましょう。　（1問5点／10点）

① 12、15 （　　　　）　　② 16、24 （　　　　）

9 しょうさんは高さが5cmの箱を、だいきさんは8cmの箱をそれぞれ積んでいきます。2人の箱の高さが最初に同じになるのは何cmのときですか。
（10点）

（　　　　　　　　）

整数の性質

名前 _____

月 ____ 日 ____

1 ☐ にあてはまる言葉を書きましょう。

2 でわりきれる整数を [　　　　　] といいます。

2 でわりきれない整数を [　　　　　] といいます。

2 次の整数を偶数と奇数に分けて書きましょう。

0　　3　　4　　11　　28　　57　　106

偶数 (　　　　　　　　　　　　　　　　)

奇数 (　　　　　　　　　　　　　　　　)

3 次の数のうち、6 の倍数をすべて書きましょう。

1　　6　　10　　12　　22　　32　　48　　56　　60

(　　　　　　　　　　　　　　　　)

4 次の 2 つの数の公倍数を、小さい方から 3 つ書きましょう。

① 8、14 (　　　　　　　　　)

② 9、21 (　　　　　　　　　)

5 次の数の約数をすべて書きましょう。

① 24 （ ）

② 64 （ ）

6 次の 2 つの数の公約数をすべて書きましょう。

① 24、60 （ ）

② 18、45 （ ）

7 次の 3 つの数の公倍数を、小さい方から 3 つ書きましょう。

① 2、4、6 （ ）

② 3、7、10 （ ）

8 次の 3 つの数の公約数をすべて書きましょう。

① 8、12、16 （ ）

② 24、30、36 （ ）

\ できた度 /

☆☆☆☆☆

1 次の 2 つの数の最小公倍数を求めましょう。

① 3、8 （　　　　　）　　② 7、14 （　　　　　）

③ 6、20 （　　　　　）　　④ 5、9 （　　　　　）

2 次の 2 つの数の最大公約数を書きましょう。

① 6、8 （　　　　　）　　② 12、18 （　　　　　）

③ 27、36 （　　　　　）　　④ 48、64 （　　　　　）

3 次の 3 つの数の最小公倍数と最大公約数を書きましょう。

最小公倍数 （　　　　　）

24、30、36

最大公約数 （　　　　　）

4 次の計算で商が整数でわり切れるのは、□ に入る整数がどんな整数のときですか。言葉で書きましょう。

72 ÷ □　　　　（　　　　　　　　　　）

5　1、4、7、8 の数字を 1 回ずつ使ってできる 4 けたの整数のうちで、最も小さい奇数はいくつですか。

（　　　　　　　　）

6　山北駅から上り電車は 9 分おきに、下り電車は 15 分おきに発車します。午前 9 時に同時に発車しました。次に同時に発車する時こくを求めましょう。

（　　　　　　　　）

7　たて 36cm、横 54cm の長方形の工作用紙があります。同じ大きさの正方形に、あまりが出ないように切り分けます。このとき、最も大きい正方形の 1 辺の長さは何 cm ですか。

（　　　　　　　　）

整数の性質

名前 _____   月 ____   日 ____

1 ☐ に偶数か奇数を書きましょう。　　　　　　　　(1問5点／15点)

① 偶数－偶数＝ ☐

② 偶数－奇数＝ ☐

③ 奇数－奇数＝ ☐

2 次の数の倍数を小さい方から順に3つ書きましょう。

(1問5点／10点)

① 7 (　　　　　　　)　　② 12 (　　　　　　　)

3 次の数のうち、9の倍数はどれですか。　　　　　　(完答15点)

12　　15　　18　　21　　25　　27　　32　　36　　43

(　　)(　　　)(　　　)

4 次の数の約数をすべて書きましょう。　　　　　　(1問5点／10点)

① 36 (　　　　　　　　　　　　　　　　　)

② 90 (　　　　　　　　　　　　　　　　　)

5 次の2つの数の公倍数を小さい方から順に3つ書きましょう。

① 8、12 （　　　　　　　　）　　② 16、24 （　　　　　　　　）

6 次の2つの数の最小公倍数を求めましょう。　　(1問5点／10点)

① 2、9 （　　　　　　　）　　② 6、27 （　　　　　　　）

7 次の2つの数の公約数をすべて書きましょう。　　(1問5点／10点)

① 16、28 （　　　　　　　　　　　　　）

② 12、30 （　　　　　　　　　　　　　）

8 次の2つの数の最大公約数を書きましょう。　　(1問5点／10点)

① 14、49 （　　　　　　　）　　② 18、45 （　　　　　　　）

9 18個のキャンディーと30個のクッキーをそれぞれ同じ数ずつ配ります。どちらもあまりが出ないように、できるだけたくさんの子どもたちに配ろうと思います。何人に配ることができますか。(10点)

（　　　　　　　　　　）

チェック

点

たしかめ

点

1 次の⑥〜②の角度を求めましょう。

(1問10点／40点)

①

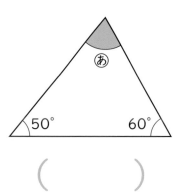

（　　　　　）

②

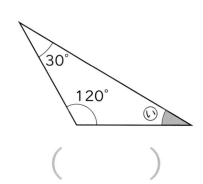

（　　　　　）

③

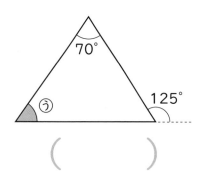

（　　　　　）

④

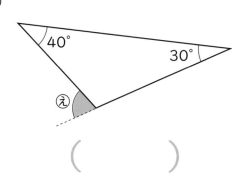

（　　　　　）

ホップ **2** ステップ **1** へ!

2 次のように、一組の三角定規を組み合わせてできた角⑥は何度ですか。

(10点)

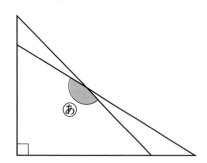

（　　　　　）

ホップ **1** ステップ **2** へ!

3　次のあ〜えの角度を求めましょう。　　(1問10点／40点)

①

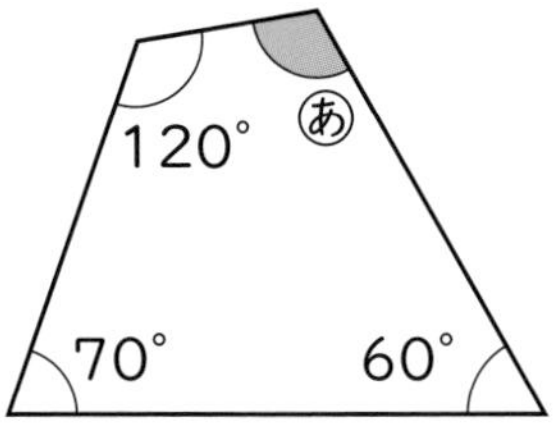
120°
あ
70°
60°

(　　　　)

②

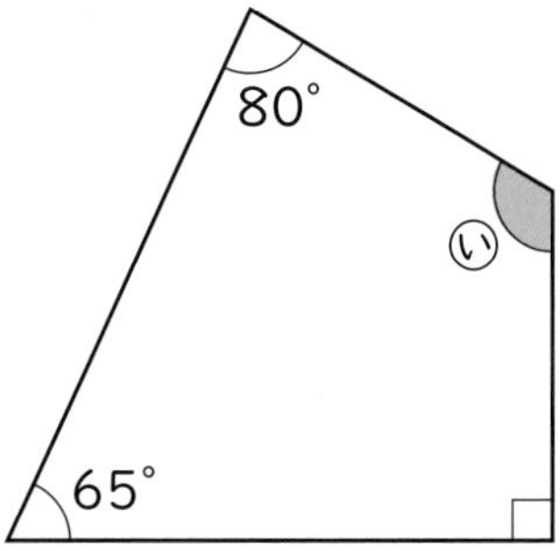
80°
い
65°

(　　　　)

③

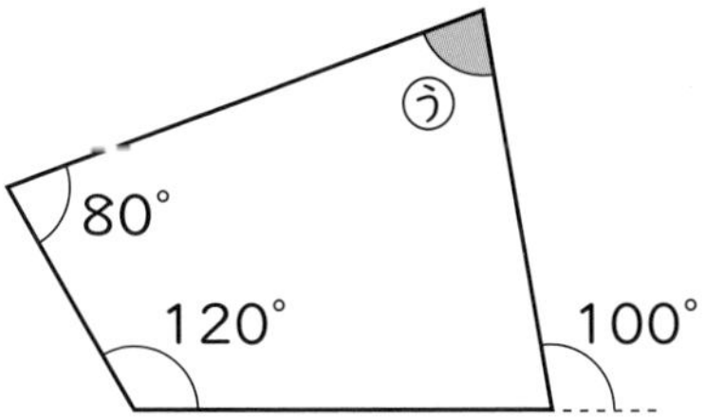
う
80°
120°
100°

(　　　　)

④

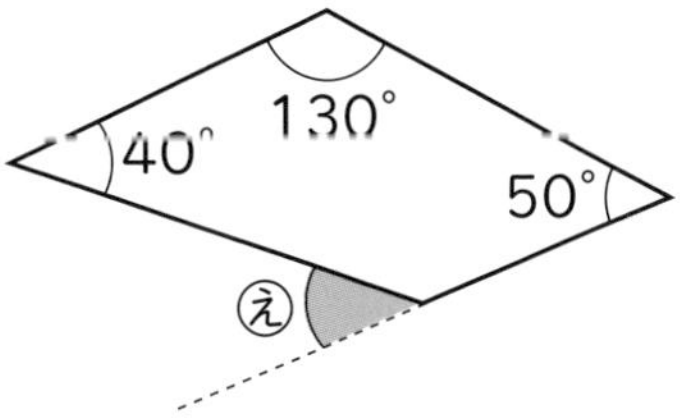
130°
40°
50°
え

(　　　　)

ステップ3へ!

4　次の図のように、五角形の一つの頂点（ちょうてん）から対角線を2本引いて3つの三角形に分けました。この図を使って、五角形の5つの角の大きさの和を下の式をつくって求めました。(　)にあてはまる角度を書きましょう。　　(1つ5点／10点)

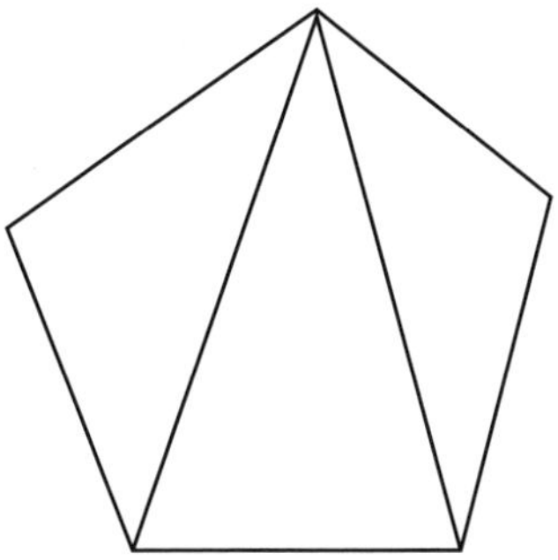

(　　　　)×3＝(　　　　)

ホップ2 ステップ3へ!

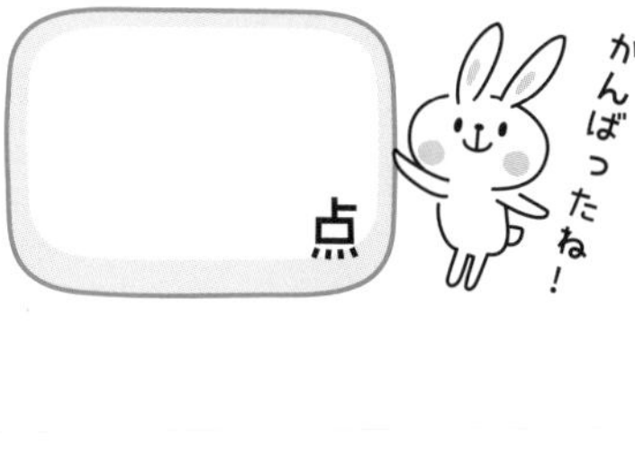
点
がんばったね!

図形の角

名前　　　　　　　　　　　　　　　　　　　　　　月　　　　日

1 三角定規の角の大きさをまとめています。（　　）に角度を書きましょう。

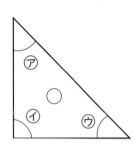 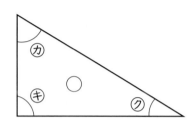

⑦ （　　　　　）　　　　　　　㋕ （　　　　　）

④ （　　　　　）　　　　　　　㋖ （　　　　　）

⑨ （　　　　　）　　　　　　　㋗ （　　　　　）

⑦＋④＋⑨＝（ ① 　　　　　）　　　㋕＋㋖＋㋗＝（ ② 　　　　　）

2 次の □ にあてはまる数字や言葉を書きましょう。

① 三角形の３つの角の大きさの和は、□□□□□ です。

② 四角形は、１本の対角線で２つの

□□□□□□□ に分けることができるので、

４つの角の大きさの和は

180°×□□□ ＝□□□□ です。

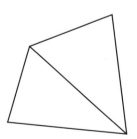

3 次の図を見て答えましょう。

① この図形の名前を書きましょう。

（　　　　　　　　　　　　）

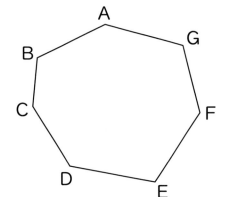

② 頂点Aから引いた対角線で
いくつの三角形に分けられますか。

（　　　　　　　）

③ この多角形の7つの角の大きさの和はいくらですか。

（　　　　　）

4 多角形の辺の数と角の大きさの和を表にまとめましょう。

	辺の数(本)	三角形の数(つ)	角の大きさの和(°)
三角形			
四角形			
五角形			
六角形			
七角形			

\できた度/
☆☆☆☆☆

図形の角

1 次の⑥～②の角度を計算で求めましょう。

① 正三角形

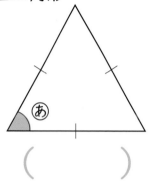

(　　　　　)

② 二等辺三角形

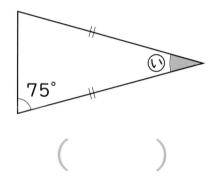

75°

(　　　　　)

③ 二等辺三角形

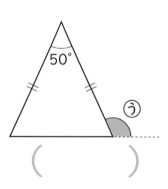

50°

(　　　　　)

④ 直角三角形

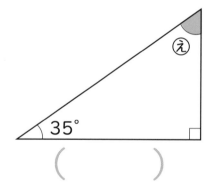

35°

(　　　　　)

2 次のように、一組の三角定規（さんかくじょうぎ）を組み合わせてできた角⑥は何度ですか。

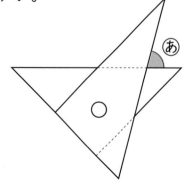

(　　　　　)

3 次の⑧〜②の角度を求めましょう。

①

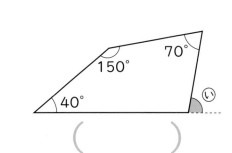

（　　　　　）

②

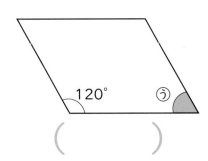

（　　　　　）

③ 平行四辺形

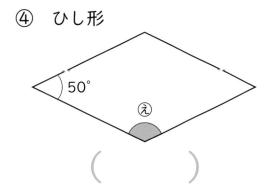

（　　　　　）

④ ひし形

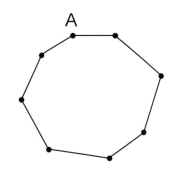

（　　　　　）

4 次の多角形について問いに答えましょう。

① 頂点Aから対角線を引くと、いくつの三角形に分けられますか。

（　　　　　）

② この多角形の角の大きさの和を求めましょう。

（　　　　　）

A

\できた度/
☆☆☆☆☆

図形の角

名前 　　　　　月　　　日

1 次の㋐～㋛の角度を計算で求めましょう。 （1問10点／40点）

①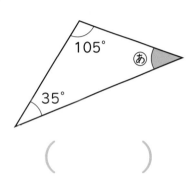

105°
35°
㋐

（　　　　　）

② 二等辺三角形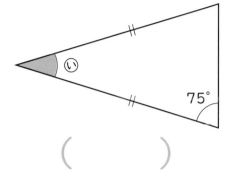

い
75°

（　　　　　）

③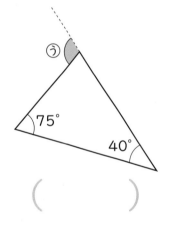

う
75°
40°

（　　　　　）

④ 直角三角形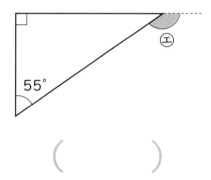

55°
エ

（　　　　　）

2 次のように、一組の三角定規（さんかくじょうぎ）を組み合わせてできた角㋐は何度ですか。 （10点）

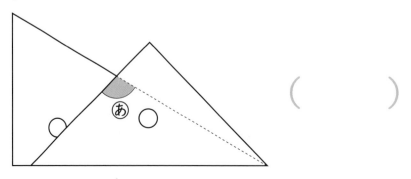

㋐

（　　　　　）

3 次の㋐〜㋓の角度を求めましょう。

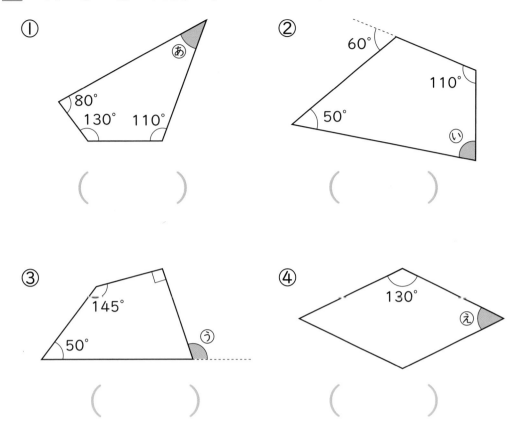

①

(　　　　　)

②

(　　　　　)

③

(　　　　　)

④

(　　　　　)

4 次の図のように八角形の一つの頂点から対角線を5本引いて、6つの三角形に分けました。この図を使って八角形の8つの角の大きさの和を、下の式を作って求めました。(　　)にあてはまる角度を書きましょう。

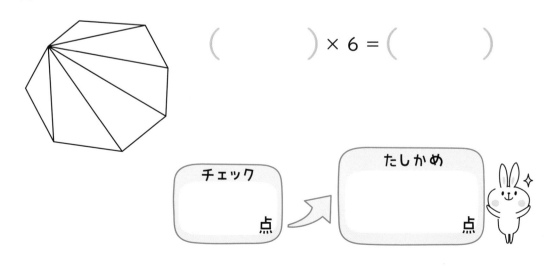

(　　　　　) × 6 = (　　　　　)

チェック

点

たしかめ

点

分数のたし算・ひき算

名前 _____　　月　　　日

1 □ にあてはまる不等号を書きましょう。　　　　（1問5点／10点）

① $\dfrac{3}{7}$ □ $\dfrac{7}{14}$　　　　② $\dfrac{3}{4}$ □ $\dfrac{2}{3}$

ホップ **3** **4** へ！

2 次の分数を約分しましょう。　　　　（1問5点／10点）

① $\dfrac{3}{9}$ （　　　　　）　　　　② $\dfrac{7}{28}$ （　　　　　）

ホップ **2** へ！

3 次の計算をしましょう。できるものは約分しましょう。（1問5点／20点）

① $\dfrac{1}{3} + \dfrac{3}{5} =$

② $\dfrac{1}{4} + \dfrac{5}{12} =$

③ $\dfrac{2}{3} - \dfrac{1}{8} =$

④ $\dfrac{3}{5} - \dfrac{1}{4} =$

ホップ **5** へ！

4 次の計算をしましょう。できるものは帯分数に直しましょう。

（1問5点／20点）

① $1\dfrac{1}{4} + \dfrac{2}{6} =$

② $2\dfrac{1}{3} + 1\dfrac{1}{4} =$

③ $1 - \dfrac{3}{10} =$

④ $1\dfrac{2}{5} - \dfrac{1}{4} =$

ステップ **1** へ!

5 庭の草取りをしました。きのうは全体の $\dfrac{2}{5}$ を取り、今日は $\dfrac{1}{4}$ を取りました。2日間で全体のどれだけ取りましたか。

（式・答え10点／20点）

式

答え

ステップ **2** **4** へ!

6 ぶどうを入れた大小のかごがあります。大きい方は $\dfrac{5}{6}$ kg で、小さい方は $\dfrac{3}{8}$ kg あります。ちがいは何 kg ですか。

（式・答え10点／20点）

式

答え

ステップ **3** **4** へ!

点

分数のたし算・ひき算

名前 _____ 月 ___ 日 ___

1 □ にあてはまる数字を書きましょう。

① $\dfrac{1}{2} + \dfrac{2}{5} = \dfrac{1 \times \overset{⑦}{\Box}}{2 \times \underset{⑦}{\Box}} + \dfrac{2 \times \overset{⑨}{\Box}}{5 \times \underset{㊇}{\Box}} = \dfrac{5}{10} + \dfrac{4}{10} = \dfrac{9}{10}$

② $\dfrac{2}{3} - \dfrac{1}{4} = \dfrac{2 \times \overset{⑦}{\Box}}{3 \times \underset{⑦}{\Box}} - \dfrac{1 \times \overset{⑨}{\Box}}{4 \times \underset{㊇}{\Box}} = \dfrac{8}{12} - \dfrac{3}{12} = \dfrac{5}{12}$

2 次の分数を約分しましょう。

① $\dfrac{24}{40}$ (   )   ② $\dfrac{35}{60}$ (   )

③ $\dfrac{19}{57}$ (   )   ④ $\dfrac{21}{33}$ (   )

3 ( )の中の分数を通分しましょう。

① $\left(\dfrac{1}{3} , \dfrac{2}{5} \right) \longrightarrow (\quad , \quad)$

② $\left(\dfrac{11}{6} , \dfrac{7}{10} \right) \longrightarrow (\quad , \quad)$

4 次の分数の中で $\dfrac{3}{4}$ と大きさの等しい分数を 2 つ選んで、記号を書きましょう。

㋐ $\dfrac{5}{8}$　㋑ $\dfrac{12}{16}$　㋒ $\dfrac{12}{18}$

㋓ $\dfrac{18}{30}$　㋔ $\dfrac{27}{36}$　㋕ $\dfrac{24}{40}$　（　　　）（　　　）

5 次の計算をしましょう。約分できるものは約分しましょう。

① $\dfrac{7}{8} + \dfrac{1}{6} =$

② $\dfrac{1}{7} + \dfrac{3}{4} =$

③ $\dfrac{5}{6} + \dfrac{3}{10} =$

④ $\dfrac{7}{10} + \dfrac{2}{15} =$

⑤ $\dfrac{1}{4} - \dfrac{1}{6} =$

⑥ $\dfrac{8}{9} - \dfrac{2}{3} =$

⑦ $\dfrac{5}{6} - \dfrac{7}{12} =$

⑧ $\dfrac{1}{2} - \dfrac{1}{6} =$

\ できた度 /
☆☆☆☆☆

分数のたし算・ひき算

名前 _____ 月 ____ 日 ____

1 次の計算をして、できるものは約分し、仮分数は帯分数になおして答えましょう。

① $1\dfrac{1}{5} + 2\dfrac{2}{7} =$

② $2\dfrac{1}{9} + 1\dfrac{2}{3} =$

③ $3\dfrac{5}{6} + 2\dfrac{1}{4} =$

④ $1\dfrac{1}{2} + 1\dfrac{4}{7} =$

⑤ $1\dfrac{5}{6} - \dfrac{1}{4} =$

⑥ $2\dfrac{1}{7} - 1\dfrac{3}{14} =$

⑦ $3\dfrac{1}{2} - 1\dfrac{1}{3} =$

⑧ $5\dfrac{1}{6} - 3\dfrac{9}{10} =$

2 運動場を午前中に $1\dfrac{3}{10}$ 周走り、午後に $3\dfrac{1}{6}$ 周走りました。1日でどれだけ走りましたか。

式

答え _____

3 赤いテープが $\dfrac{3}{5}$ m、白いテープが $\dfrac{4}{7}$ m あります。どちらがどれだけ長いですか。

式

答え _____

4 ふぶきさんのお父さんの体重は $62\dfrac{3}{5}$ kg です。ふぶきさんはお父さんの体重と自分の体重のちがいを計算しようとして、まちがってたしてしまい $93\dfrac{19}{40}$ kg になりました。正しい答えを求めましょう。

式

答え _____

分数のたし算・ひき算

名前

月　　　　日

1 □にあてはまる数を書きましょう。　　　　　　　（□1つ5点／10点）

$$\frac{40}{50} = \frac{\boxed{}}{25} = \frac{4}{\boxed{}}$$

2 □にあてはまる等号や不等号を書きましょう。　　（1問5点／10点）

① $\dfrac{3}{4}$ □ $\dfrac{15}{20}$　　　　　② $\dfrac{4}{3}$ □ $\dfrac{13}{9}$

3 次の分数を約分しましょう。　　　　　　　　　　（1問5点／10点）

① $\dfrac{30}{42}$ （　　　　　　）　　　② $\dfrac{20}{36}$ （　　　　　　）

4 次の計算をしましょう。できるものは約分しましょう。

（1問5点／20点）

① $\dfrac{3}{4} + \dfrac{1}{7} =$

② $\dfrac{6}{5} + \dfrac{5}{6} =$

③ $\dfrac{1}{4} - \dfrac{1}{6} =$

④ $\dfrac{5}{6} - \dfrac{3}{10} =$

5 次の計算をしましょう。 （1問5点／20点）

① $2\dfrac{5}{9} + 1\dfrac{2}{15} =$

② $3\dfrac{1}{3} + 1\dfrac{1}{4} =$

③ $1\dfrac{5}{6} - \dfrac{1}{4} =$

④ $3\dfrac{3}{4} - 1\dfrac{3}{5} =$

6 ある本を、きのうは全体の $\dfrac{1}{4}$ を読み、今日は全体の $\dfrac{1}{5}$ を読みました。2日間で全体のうちどれだけを読みましたか。

（式5点・答え10点／15点）

式

　　　　　　　　　　　　　　　　　答え _____

7 バターが $\dfrac{4}{7}$ kg ありました。$\dfrac{5}{9}$ kg 使うと、残っているバターは何 kg ですか。

（式5点・答え10点／15点）

式

　　　　　　　　　　　　　　　　　答え _____

チェック　点

たしかめ　点

チェック　分数と小数・
整数の関係

月　　日
名前

1 わり算の商を分数で表しましょう。　　　　　　（1問4点／16点）

① 4 ÷ 9 = (　　　　　　)　　　② 6 ÷ 13 = (　　　　　　)

③ 5 ÷ 3 = (　　　　　　)　　　④ 14 ÷ 19 = (　　　　　　)

2 次の分数をわり算の式で表しましょう。　　　　　（1問4点／16点）

① $\dfrac{11}{7}$ = (　　　　　　)　　　② $\dfrac{5}{3}$ = (　　　　　　)

③ $\dfrac{2}{9}$ = (　　　　　　)　　　④ $\dfrac{4}{15}$ = (　　　　　　)

3 次の分数を小数で表しましょう。　　　　　　　（1問4点／16点）

① $\dfrac{11}{4}$ = (　　　　　　)　　　② $\dfrac{16}{32}$ = (　　　　　　)

③ $\dfrac{14}{5}$ = (　　　　　　)　　　④ $\dfrac{25}{100}$ = (　　　　　　)

4 次の数を分数で表しましょう。　　　　　　　　（1問4点／8点）

① 12 L は 7 L の何倍ですか。 (　　　　　　)

② 3 m を 1 とすると、8 m はいくつですか。 (　　　　　　)

― 68 ―

5 次の小数を分数で表しましょう。　　　　　　　　(1問4点／16点)

① 0.7 = （　　　　　　）　　② 2.3 = （　　　　　　）

③ 5.64 = （　　　　　　）　　④ 1.09 = （　　　　　　）

ホップ 5 ステップ 2 へ!

6 次の計算をして、小数で答えましょう。　　　　　(1問4点／8点)

① $\dfrac{3}{4} + 0.15$　　　　　　② $0.9 - \dfrac{2}{5}$

ステップ 3 へ!

7 親ねこの体重は 4.5kg です。子ねこの体重は 0.5kg です。

(1問10点／20点)

① 親ねこの体重は、子ねこの体重の何倍ですか。

（　　　　　　　　）

② 子ねこの体重は、親ねこの体重の何倍ですか。分数で書きましょう。

（　　　　　　　　）

ステップ 1 4 へ!

点

1 □ にあてはまる数を書きましょう。

① $\dfrac{7}{4} = 7 \div$ □　　　② $\dfrac{1}{6} = 1 \div$ □

③ $\dfrac{8}{9} =$ □ $\div 9$　　　④ $\dfrac{2}{3} =$ □ $\div 3$

⑤ $\dfrac{12}{5} = 12 \div$ □　　　⑥ $\dfrac{12}{17} =$ □ $\div 17$

2 正しい方に○をつけましょう。

① $17 \div 31 = \left(\quad \dfrac{31}{17} \quad , \quad \dfrac{17}{31} \quad \right)$

② $2 \div 15 = \left(\quad \dfrac{2}{15} \quad , \quad \dfrac{15}{2} \quad \right)$

3 次の数を分数で表しましょう。

① 7mは2mの何倍ですか。

（　　　　　　　）

② 6Lを1とすると、21Lはいくつにあたりますか。

（　　　　　　　）

4 次の分数を小数や整数で表しましょう。

① $\dfrac{3}{5}$ （　　　　　）　　② $\dfrac{9}{2}$ （　　　　　）

③ $\dfrac{21}{7}$ （　　　　　）　　④ $\dfrac{3}{8}$ （　　　　　）

⑤ $1\dfrac{1}{4}$ （　　　　　）　　⑥ $4\dfrac{4}{5}$ （　　　　　）

5 次の小数を分数で表しましょう。

① 0.6 （　　　　　）　　② 2.7 （　　　　　）

③ 3.18 （　　　　　）　　④ 5.04 （　　　　　）

6 □にあてはまる不等号を書きましょう。

① $\dfrac{3}{5}$ □ 0.4　　② 0.75 □ $\dfrac{7}{8}$

③ 0.3 □ $\dfrac{3}{8}$　　④ $4\dfrac{4}{5}$ □ 4.9

\できた度/
☆☆☆☆☆

分数と小数・整数の関係

名前 ___月___日___

1 3つの鉄道の長さについて、右の表を見て次の問いに答えましょう。

	長さ（km）
A鉄道	24
B鉄道	44
C鉄道	6

① A鉄道の長さは、C鉄道の長さの何倍ですか。□に数を書きましょう。

$$\boxed{} \div \boxed{} = \boxed{} \text{（倍）}$$

② B鉄道の長さは、C鉄道の長さの何倍ですか。□に数を書きましょう。

$$\boxed{} \div \boxed{} = \dfrac{\boxed{}}{\boxed{}} \text{（倍）}$$

③ A鉄道を1とするとB鉄道はいくつにあたりますか。分数で表しましょう。

（　　　　　　）

④ A鉄道を1とするとC鉄道はいくつにあたりますか。小数で表しましょう。

（　　　　　　）

2 次の分数を小数で表しましょう。わり切れないときは、四捨五入して $\frac{1}{100}$ の位までのがい数で表しましょう。

① $\frac{3}{5}$ （　　　　　）　　　② $\frac{2}{3}$ （　　　　　）

③ $\frac{4}{9}$ （　　　　　）　　　④ $1\frac{1}{4}$ （　　　　　）

3 次の計算をして、分数で書きましょう。

① $0.3 + \frac{1}{4}$　　　　　　② $\frac{7}{6} + 0.6$

③ $\frac{9}{4} - 1.6$　　　　　　④ $2.5 - \frac{4}{5}$

4 27.5m² の花だんの面積は、11m² の花だんの面積の何倍ですか。

式

答え _____

\ できた度 /
☆☆☆☆☆

分数と小数・整数の関係

名前 　　　　　　月　　　　日

---

1 次のわり算の商を分数で表しましょう。　　　　(1問3点／12点)

① 7 ÷ 10 = (　　　　　)　　② 11 ÷ 16 = (　　　　　)

③ 4 ÷ 17 = (　　　　　)　　④ 9 ÷ 2 = (　　　　　)

---

2 次の分数をわり算の式で表しましょう。　　　　(1問3点／12点)

① $\dfrac{1}{6}$ = (　　　　　)　　② $\dfrac{8}{13}$ = (　　　　　)

③ $\dfrac{4}{17}$ = (　　　　　)　　④ $\dfrac{5}{3}$ = (　　　　　)

---

3 次の分数を小数や整数で表しましょう。　　　　(1問5点／20点)

① $\dfrac{3}{4}$ = (　　　　)　　② $\dfrac{3}{5}$ = (　　　　)

③ $\dfrac{45}{15}$ = (　　　　)　　④ $\dfrac{36}{8}$ = (　　　　)

---

4 次の数を分数で表しましょう。　　　　(1問5点／10点)

① 7kg は 15kg の何倍ですか。(　　　　　)

② 5cm を 1 とすると 2cm はいくつにあたりますか。(　　　　　)

---

5 次の小数を分数で表しましょう。 (1問5点／20点)

① 0.4 = （　　　　　）　　② 3.5 = （　　　　　）

③ 12.7 = （　　　　　）　　④ 0.69 = （　　　　　）

6 次の計算をして、小数で答えましょう。 (1問8点／16点)

① $\dfrac{3}{5}$ + 0.35　　　　② 0.7 － $\dfrac{1}{4}$

7 赤いリボンの長さは 8 m で、白いリボンの長さは 13 m です。 (1問5点／10点)

① 赤いリボンの長さは、白いリボンの長さの何倍ですか。

（　　　　　　　）

② 白いリボンの長さは、赤いリボンの長さの何倍ですか。

（　　　　　　　）

チェック　　　点　　　たしかめ　　　点

チェック　平均と単位量あたりの大きさ

名前 _____　月 _____　日 _____

1 次の表に5年A組で先週欠席した人数をまとめました。1日の欠席した人数の平均は何人ですか。 (式・答え5点／10点)

曜日	月	火	水	木	金
人数（人）	3	2	4	0	2

式

答え _____

ホップ **1** **2** へ!

2 次の表のようにA、B、Cの3つの花だんに球根を植えます。どの花だんが混んでいるか調べましょう。

	A	B	C
花だんの広さ（m²）	9	12	20
球根の数（個）	20	30	40

① 球根1個あたりの面積をそれぞれ求めましょう。 (式・答え5点／30点)

A　式

答え _____

B　式

答え _____

C　式

答え _____

② A、B、Cを混んでいる順にならべましょう。 (8点)

（　　　　）→（　　　　）→（　　　　）

ステップ **1** **2** へ!

— 76 —

3　なつきさんの漢字テストの点数は、1回目が75点、2回目が95点、3回目が100点でした。平均点を求めましょう。

（式5点・答え8点／13点）

式

答え _____

ホップ 3 4 へ!

4　かずきさんが計算テストを4回したところ、平均点は80点でした。このときの合計点を求めましょう。

（式5点・答え8点／13点）

式

答え _____

ホップ 3 4 へ!

5　4時間で240kmの道のりを走る自動車の速さを求めましょう。

（式5点・答え8点／13点）

式

答え _____

ステップ 3 4 へ!

6　秒速1.5mで歩く人が90m進む時間を求めましょう。

（式5点・答え8点／13点）

式

答え _____

ステップ 4 5 へ!

点

平均と単位量あたりの大きさ

名前 _____　月 ____　日 ____

1 次のたまごの重さの平均を求めます。 ☐ にあてはまる数を書きましょう。

①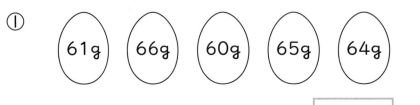

61g 　66g 　60g 　65g 　64g

$(61 + 66 + 60 + 65 + 64) \div$ ☐ $=$ ☐

②

48g 　50g 　46g 　52g 　55g 　49g

$(48 +$ ☐ $+$ ☐ $+ 52 + 55 + 49) \div$ ☐

$=$ ☐

2 次の表は、しゅうへいさんの漢字テストの 3 回分の結果です。平均点は何点ですか。

回	1回目	2回目	3回目
点数	75	100	95

式

答え _____

3 次の表は、先週花がさいたアサガオの数です。平均が9個だとすると、水曜日は何個さきましたか。

曜日	月	火	水	木	金	土	日
花がさいた数（個）	7	13		9	11	6	10

式

答え _____

4 次の表は、つばささんの走りはばとびの記録です。

何回目（回）	1	2	3
記録	3m20cm	3m15cm	3m22cm

① この記録の平均を求めましょう。

式

答え _____

② 4回目にどれだけとぶと、平均が3m20cmになりますか。

式

答え _____

＼できた度／
☆ ☆ ☆ ☆ ☆

平均と単位量あたりの大きさ

名前 _____ 月 ___ 日 ___

1 2つの畑ＡＢの広さと、とれたイモの重さを比べました。

① 1a あたりのとれたイモの重さをそれぞれ求めましょう。

	面積（a）	とれた重さ(kg)
畑Ａ	12	3000
畑Ｂ	8	1920

〈畑Ａ〉

式

答え _____

〈畑Ｂ〉

式

答え _____

② 1a あたりでたくさんイモがとれたのはどちらですか。

（　　　　　　　）

2 東町の面積は 38km^2 で、人口は 19760 人です。人口密度を求めましょう。

式

答え _____

3 3 時間で 171km 進む自動車の時速を求めましょう。

式

答え _____

4 秒速 7 m で動くエレベーターが 15 秒間でのぼる高さを求めましょう。

式

答え _____

5 分速 150m の自転車で、1125m の道のりを進む時間を求めましょう。

式

答え _____

\ できた度 /
☆ ☆ ☆ ☆ ☆

平均と単位量あたりの大きさ

月　　　日
名前

1　5人で回転ずしに行きました。それぞれ5皿、7皿、6皿、4皿、8皿食べました。平均何皿食べましたか。 (式・答え5点／10点)

式

答え

2　次の表は、南小学校と北小学校の運動場の面積と児童数を表します。次の問いに、答えを四捨五入して小数第3位まで求めて答えましょう。

	面積(m²)	児童数(人)
南小学校	12250	980
北小学校	6480	540

① 1人あたりの面積をそれぞれ求めましょう。 (式・答え5点／10点)

〈南小学校〉
式

答え

〈北小学校〉
式

答え

② 1m²あたりの児童数をそれぞれ求めましょう。 (式・答え5点／20点)

〈南小学校〉
式

答え

〈北小学校〉
式

答え

③ どちらが混んでいますか。(10点)

（　　　　　　　）

3 6個のたまごの重さを量ったら、それぞれ 60g、57g、62g、61g、62g、58g でした。たまご 1 個の平均の重さを求めましょう。

(式・答え 5 点／ 10 点)

式

答え _____

4 5 人の平均体重が 47kg のグループがあります。6 人目の体重が 56kg のときの 6 人での平均体重を求めましょう。(式・答え 5 点／ 10 点)

式

答え _____

5 分速 300m で走るバスが 15 分間に進む道のりを求めましょう。

(式・答え 5 点／ 10 点)

式

答え _____

6 秒速 240 m で飛ぶ飛行機が 12km を進む時間を求めましょう。

(式・答え 5 点／ 10 点)

式

答え _____

チェック

点

たしかめ

点

割合

名前　　　　　　　　　　月　　　日

1 小数や整数で表した割合を百分率で表しましょう。　（1問2点／8点）

① 0.02　（　　　　　　）　　② 0.46　（　　　　　　）

③ 1　（　　　　　　）　　④ 0.95　（　　　　　　）

ホップ **2** へ！

2 百分率を小数または整数で表しましょう。　（1問2点／8点）

① 40%　（　　　　　　）　　② 78%　（　　　　　　）

③ 9%　（　　　　　　）　　④ 100%　（　　　　　　）

ホップ **3** へ！

3 小数で表した割合を歩合に、歩合を小数または整数で表しましょう。　（1問3点／24点）

① 0.17　（　　　　　　）　　② 0.8　（　　　　　　）

③ 0.65　（　　　　　　）　　④ 0.273　（　　　　　　）

⑤ 2割7分　（　　　　　　）　　⑥ 5割　（　　　　　　）

⑦ 3割3分　（　　　　　　）　　⑧ 7割8分6厘　（　　　　　　）

ホップ **4** へ！

4　さとみさんはバスケットボールのシュート練習をしました。15回投げて 6 回入りました。ボールが入った割合は何%ですか。

(式・答え 10 点／20 点)

式

答え

ホップ 1 ステップ 1 2 3 へ!

5　ワッフルが土曜日に 120 個売れました。日曜日には、土曜日に売れた数の 150%が売れました。日曜日に売れたワッフルは何個ですか。

(式・答え 10 点／20 点)

式

答え

ステップ 1 4 5 へ!

6　ともやさんの学校の 5 年生で、パソコンクラブに入っているのは 15 人で、これは 5 年生全体の 20%です。5 年生は全員で何人いますか。

(式・答え 10 点／20 点)

式

答え

ステップ 1 6 へ!

点

割合

名前　　　　月　　　日

1 小数で表した割合を百分率で表しましょう。

① 0.06

(　　　　　　　)

② 0.82

(　　　　　　　)

③ 0.5

(　　　　　　　)

④ 1.43

(　　　　　　　)

2 百分率で表した割合を小数で表しましょう。

① 8%

(　　　　　　　)

② 25%

(　　　　　　　)

③ 60%

(　　　　　　　)

④ 17.4%

(　　　　　　　)

3 小数で表した割合は歩合に、歩合は小数で表しましょう。

① 0.47

(　　　　　　　)

② 0.08

(　　　　　　　)

③ 8割5分

(　　　　　　　)

④ 4割

(　　　　　　　)

4 □ にあてはまる言葉を書きましょう。

割合 ＝ ⬚ ÷ ⬚

5 次の文の中で、割合を求めるときのもとにする量を □ で囲み、比べられる量はその下に ～～～ をひきましょう。

① 7本 のシュートのうち、4本が成功したときの正答の割合

② 12問の問題のうち、8題が正答だったときの正答の割合

③ クラス32人のうち、4人が休んだときの休んだ人の割合

6 □ にあてはまる数を小数または整数で書きましょう。

① ジャンケンで8回のうち3回勝ったときの勝った割合は

⬚ です。

② 3800円の2割は ⬚ 円です。

③ 電車に90人のお客さんが乗っています。これは定員の6割

です。電車の定員は ⬚ 人です。

\ できた度 /
☆ ☆ ☆ ☆ ☆

割合

名前　　　　　　　月　　日

1　ともよさんのクラス 32 人のうち、8 人がかぜで休みました。かぜで休んだ人は何%ですか。

式

答え _____

2　くじびきをしました。りゅうたろうさんは 15 回引いて、3 回当たりが出ました。当たりが出たのは何%ですか。

式

答え _____

3　今週保健室（ほけんしつ）に来た 65 人のうち、けがをした人は 60%でした。けがをした人は何人ですか。

式

答え _____

4　パソコンクラブの定員は 40 人です。入部希望者は定員の 125%
でした。入部希望者は何人ですか。

式

答え _____

5　けんたさんのクラスの人数は 32 人で、これは全校児童の 8%に
あたります。全校児童は何人ですか。

式

答え _____

6　まゆさんは買い物に行って 1095 円使いました。これは持って
いたお金の 7 割 5 分にあたります。最初に持っていたお金はいく
らですか。

式

答え _____

\できた度/
☆☆☆☆☆

割合

月　　　日

名前

1 小数や整数で表した割合を百分率で表しましょう。　(1問2点／8点)

① 0.04 （　　　　　）　② 0.83 （　　　　　）

③ 1.5 （　　　　　）　④ 1.08 （　　　　　）

2 百分率を小数または整数で表しましょう。　(1問2点／8点)

① 70% （　　　　　）　② 5% （　　　　　）

③ 180% （　　　　　）　④ 200% （　　　　　）

3 小数で表した割合を歩合で、歩合を小数または整数で表しましょう。　(1問3点／24点)

① 0.65 （　　　　　）　② 0.3 （　　　　　）

③ 0.273 （　　　　　）　④ 0.018 （　　　　　）

⑤ 3割3分 （　　　　　）　⑥ 12割 （　　　　　）

⑦ 9分9厘 （　　　　　）　⑧ 7割8分6厘 （　　　　　）

4 るいさんがアサガオの種をまきました。20個まいたうちの16個が芽を出しました。芽が出た割合を百分率で求めましょう。

(式・答え10点／20点)

式

答え _____

5 新商品を定価960円で売り出したところ、なかなか売れないので定価の8割にしたら売れました。いくらで売りましたか。

(式・答え10点／20点)

式

答え _____

6 なみさんは図書室で本を借りて、今日120ページ読みました。これは全体の75%にあたります。この本は何ページありますか。

(式・答え10点／20点)

式

答え _____

チェック
点

たしかめ
点

正多角形と円

1 次のうち正多角形はどれですか。2つ選んで（　）に記号を、□ に名前を書きましょう。

（1つ10点／40点）

⑦

⑦

⑦

⑦

（　　）［　　　　　　　］　　（　　）［　　　　　　　］

ホップ **4** へ!

2 円の中心の周りの角を等分して、正六角形をかきましょう。

（20点）

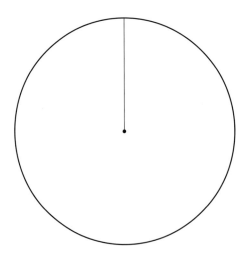

ホップ **3** へ!

3 次の問いに答えましょう。 （式・答え5点／20点）

① 円周の長さを求めましょう。

 式

答え _____

② 直径の長さを求めましょう。

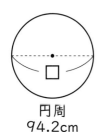 式

円周
94.2cm

答え _____

ステップ 1 2 へ！

4 次の図の太い線の長さを求めましょう。 （式・答え5点／20点）

① 式

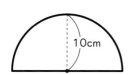

答え _____

② 式

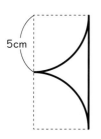

答え _____

ステップ 4 へ！

点

正多角形と円

名前　　　　　月　　　日

1 次の図形の辺の長さや角の大きさを調べて、共通することを書きましょう。

① 辺の長さ （　　　　　　　　　　　　　　　　）

② 角の大きさ （　　　　　　　　　　　　　　　）

2 次のひし形が正多角形でないのはなぜですか。

 （　　　　　　　　　　　　　　　）

3 次の色のついた正多角形の中心の角度は何度ですか。

①
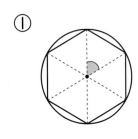

（　　　　）

②
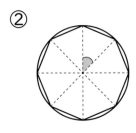

（　　　　）

4 次の図形はどれも辺の長さが等しい多角形です。（ ）に図形の
名前を書きましょう。

①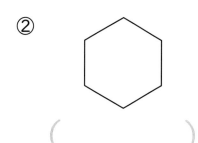

（　　　　　　　　）

②

（　　　　　　　　）

③

（　　　　　　　　）

④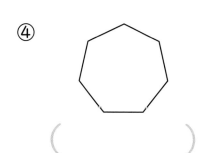

（　　　　　　　　）

5 次の正多角形について考えましょう。

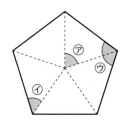

① 角㋐は何度ですか。 （　　　　　　　）

② 角㋑は何度ですか。 （　　　　　　　）

③ 角㋒は何度ですか。 （　　　　　　　）

\できた度/
☆ ☆ ☆ ☆ ☆

正多角形と円

名前

月　　　日

1 次の円の円周の長さを求めましょう。

①

12cm

式

答え _____

②

20cm

式

答え _____

③

4cm

式

答え _____

④

9cm

式

答え _____

2 次の円の直径を求めましょう。

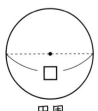

□

円周
25.12cm

式

答え _____

3　次の円の半径を求めましょう。

①
円周
31.4cm

式

答え _____

②
円周
157cm

式

答え _____

4　次の図の周りの長さを求めましょう。

①
5cm

式

答え _____

②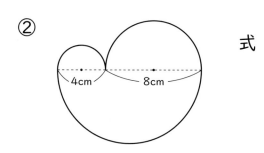
4cm　8cm

式

答え _____

\できた度/
☆☆☆☆☆

正多角形と円

名前　　　　　　　　月　　　日

1 次のうち正多角形はどれですか。2つ選んで（　）に記号を、□に名前を書きましょう。

（（　）□1つ10点／40点）

（　　　） [　　　　　]　　（　　　） [　　　　　]

2 円の中心の周りの角を等分して、正八角形をかきましょう。

(20点)

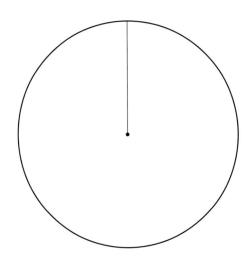

3 次の問いに答えましょう。 (式・答え5点／20点)

① 円周の長さを求めましょう。

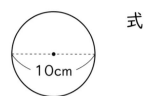　　式

答え _____

② 半径の長さを求めましょう。

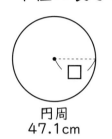　　式

答え _____

円周
47.1cm

4 次の図の太い線の長さを求めましょう。 (式・答え5点／20点)

①　[12cm の正方形と曲線の図]　式

答え _____

②　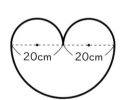　式

答え _____

チェック
点

たしかめ
点

1 次の ☐ に言葉を書きましょう。　　　　　　　（☐1つ5点／20点）

① 平行四辺形の面積 ＝ ☐ × ☐

② 三角形の面積 ＝ ☐ × 高さ ÷ ☐

2 次の図形の面積を求めましょう。　　　　　　　（式・答え5点／10点）

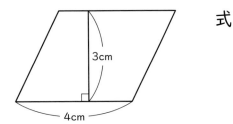

式

答え _____

3 次の図形の面積を求めましょう。　　　　　　　（式・答え5点／10点）

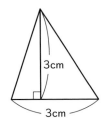

式

答え _____

4 次の図形の面積を求めましょう。　　　　　　　（式・答え5点／10点）

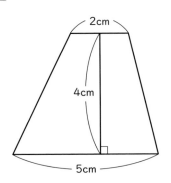

式

答え _____

5 次の図形の面積を求めましょう。 （式・答え5点／10点）

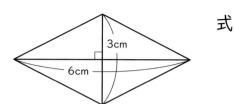

式

答え _____

6 次の図形の高さ□を求めましょう。 （式・答え5点／10点）

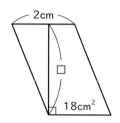

式

答え _____

7 次の平行四辺形の色のついた部分の面積を求めましょう。

（式10点・答え20点／30点）

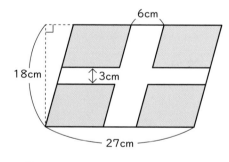

式

答え _____

図形の面積

名前　　　　　　　　　　　　月　　　　日

1 ㋐の辺を平行四辺形の底辺としたときの高さを、記号で書きましょう。

①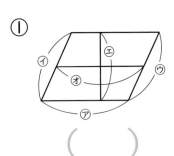

（　　　　）

②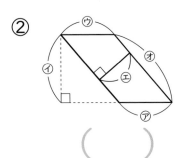

（　　　　）

2 次の平行四辺形の面積を求めましょう。

①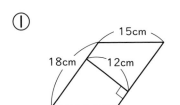

式

答え　　　　　　　　　　　　　　　　　

②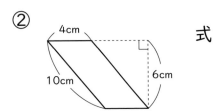

式

答え　　　　　　　　　　　　　　　　　

3 次の平行四辺形の底辺の長さを求めましょう。

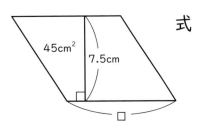

式

答え

4 ㋐の辺を三角形の底辺とすると高さはどれですか。

①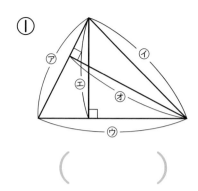

②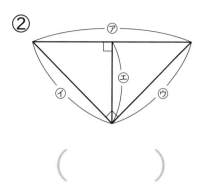

(　　　　)　　　　　　(　　　　)

5 次の三角形の面積を求めましょう。

① 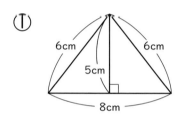　　式

答え _____

② 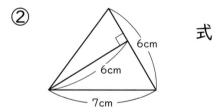　　式

答え _____

6 次の三角形の底辺の長さを求めましょう。

式

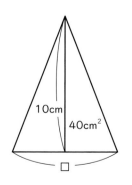

答え _____

名前　　　　　　　月　　　日

1　次の台形の面積を求めましょう。

①
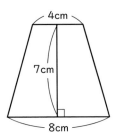
式

答え _____

②
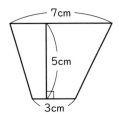
式

答え _____

2　次のひし形の面積を求めましょう。

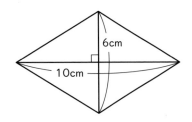
式

答え _____

3 次の図形の面積を求めましょう。

①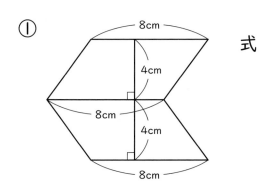

式

答え _____

②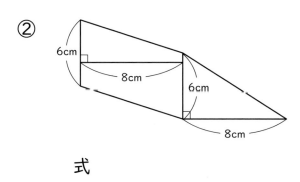

式

答え _____

4 次の平行四辺形の色のついたところの面積を求めましょう。

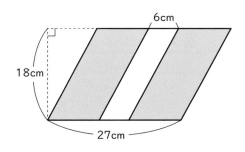

式

答え _____

\できた度/
☆☆☆☆☆

図形の面積

名前　　　　月　　　日

1 次の ☐ にあてはまる言葉を書きましょう。　（☐ 1つ5点／20点）

① 台形の面積 ＝ （ ☐ ＋ ☐ ）×高さ÷2

② ひし形の面積 ＝ ☐ × ☐ ÷2

2 次の図形の面積を求めましょう。　（式・答え5点／10点）

式

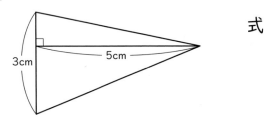

答え _____

3 次の図形の面積を求めましょう。　（式・答え5点／10点）

式

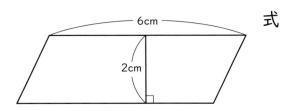

答え _____

4 次の図形の面積を求めましょう。　（式・答え5点／10点）

式

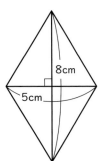

答え _____

5 次の図形の面積を求めましょう。 （式・答え5点／10点）

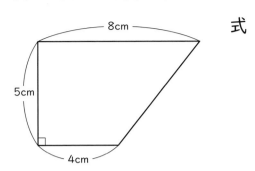

式

答え _____

6 次の図形の底辺の長さ □ を求めましょう。 （式・答え5点／10点）

①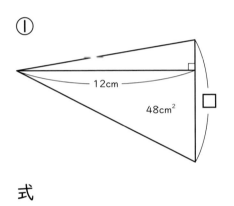

②

式

式

答え _____　答え _____

7 次の平行四辺形の色のついたところの面積を求めましょう。
（式10点・答え20点／30点）

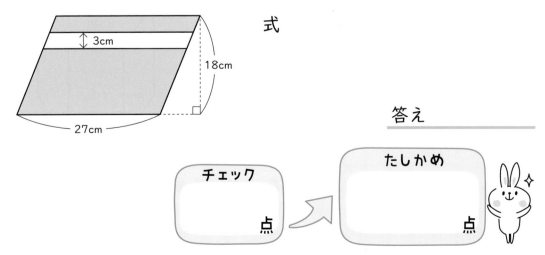

式

答え _____

チェック

点

たしかめ

点

チェック 　**角柱と円柱**

1 　次の立体について考えましょう。

⑦ 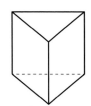 　　⑦ 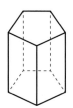 　　⑦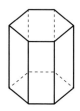

① 　それぞれの立体の名前を書きましょう。　(1問5点／15点)

　　⑦ 　　　⑦

　　⑦

② 　それぞれの立体の側面の数を書きましょう。　(1問5点／15点)

　　⑦ 　　　⑦

　　⑦

ホップ **1** **2** **3** へ!

2 　五角柱について考えましょう。

(1問5点／20点)

① 　底面はいくつありますか。

　　(　　　　　　　　)

② 　底面はどんな形ですか。

　　(　　　　　　　　)

③ 　側面の数はいくつですか。

　　(　　　　　　　　)

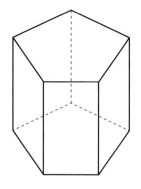

④ 　側面は底面に対してどうなっていますか。

　　(　　　　　　　　　)

ホップ **3** **4** へ!

3 次のような三角柱について考えましょう。

① 底面に垂直な辺をすべて書きまし
ょう。　　　　　　　(1つ5点／15点)

（　　　　　）（　　　　　）

（　　　　　）

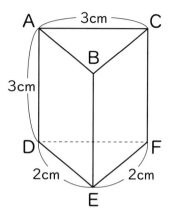

② 辺ＢＣと平行な辺はどれですか。
　　　　　　　　　　　　(5点)

（　　　　　）

③ 辺ＡＤと平行な辺を2つ書きましょう。　(1つ5点／10点)

（　　　　　）（　　　　　）

④ この三角柱の展開図をかきましょう。　(20点)

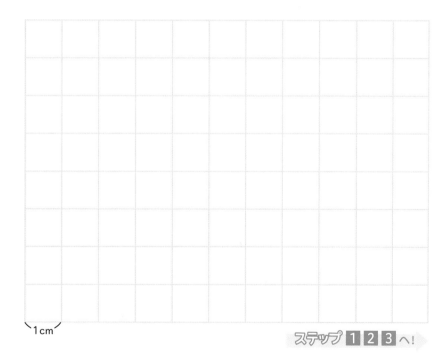

1cm

ホップ

角柱と円柱

名前　　　　　　月　　　日

1 次のような立体を角柱といいます。㋐㋑の名前を書きましょう。

㋐（　　　　　）

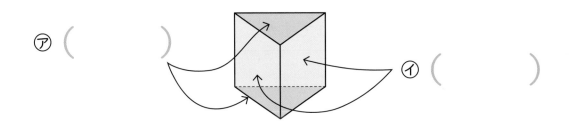

㋑（　　　　　）

2 次の立体から角柱と円柱をすべて選んで記号で書きましょう。

㋐

㋑

㋒

㋓

㋔

㋕

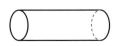

角柱（　　　　　　　）

円柱（　　　　　　　）

3 ㉐〜㋒の立体について次の表を完成させましょう。

㋐ 　　㋑ 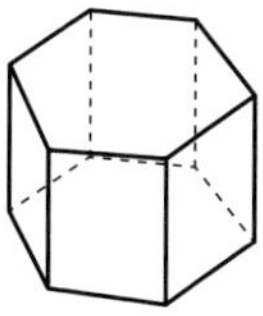 　　㋒

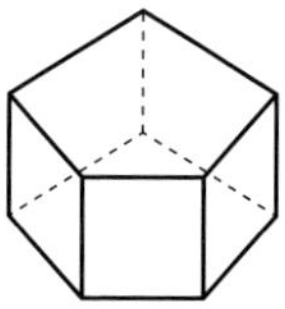

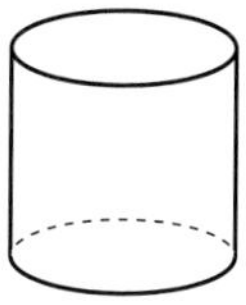

	㋐	㋑	㋒
立体の名前			
底面の形			
側面の数			——
ちょうてん 頂 点の数			——
辺の数			——

4 次の立体について □ に言葉や数を書きましょう。

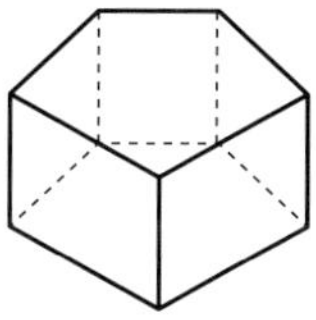

① 2つの底面はそれぞれ □ にならんでいます。

② 側面は底面に対して □ になっています。

③ 側面の形は □ や □ です。

④ 2つの底面にはさまれた部分の長さを □

といいます。

＼できた度／
☆☆☆☆☆

角柱と円柱

名前　　　　月　　　日

1 次の展開図について答えましょう。

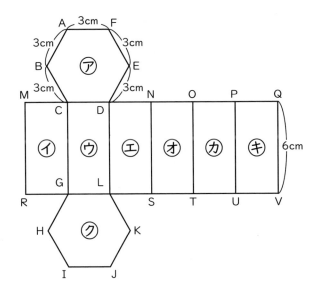

① この展開図を組み立ててできる立体の名前は何ですか。

（　　　　　　　　　）

② この立体の底面を2つ記号で書きましょう。

（　　　，　　　）

③ この立体の高さは何 cm ですか。

（　　　　　　　　　）

④ 展開図で辺RVの長さは何 cm ですか。

（　　　　　　　　　）

⑤ 組み立てたとき点Mに集まる点を2つ書きましょう。

（　　　，　　　）

2 次の展開図で三角柱ができるのはどれですか。

㋐

㋑

㋒

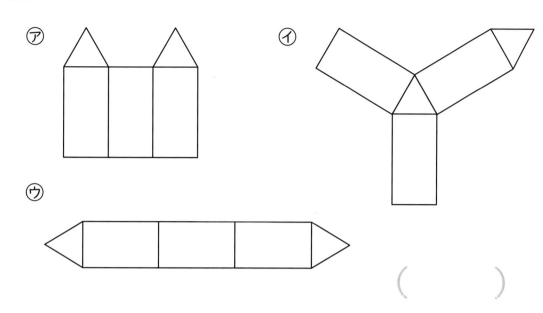

(   )

3 次の円柱の展開図をかきましょう。

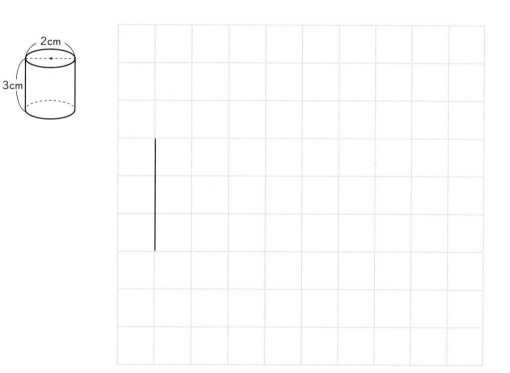

たしかめ　角柱と円柱

名前　　　　　　　　月　　　日

1 次の立体について考えましょう。

⑦ 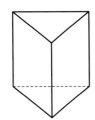　　　⑦ 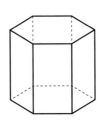　　　⑦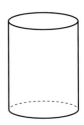

① それぞれの底面の形を書きましょう。　（1問5点／15点）

⑦ （　　　　　　　　　）　　⑦ （　　　　　　　　　）

⑦ （　　　　　　　　　）

② ⑦⑦の頂点の数を書きましょう。　（1問5点／15点）

⑦ （　　　　　　　　　）　　⑦ （　　　　　　　　　）

2 六角柱について答えましょう。　（1問5点／20点）

① 底面はいくつありますか。

（　　　　　　　　　）

② 底面はどんな形ですか。

（　　　　　　　　　）

③ 側面の数はいくつですか。

（　　　　　　　　　）

④ 側面は底面に対してどうなっていますか。

（　　　　　　　　　）

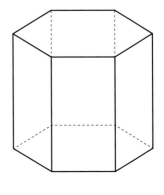

3 次のような円柱について考えましょう。

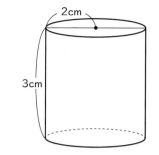

① 底面の円の円周は何 cm ですか。 (10点)

(   )

② 側面を広げるとどんな形になりますか。(10点)

(   )

③ その形のたてを 3cm とすると、横の長さは何と同じですか。(10点)

(   )

④ この円柱の展開図をかきましょう。 (20点)

1cm

チェック

点

たしかめ

点

— 115 —

整数と小数

名前　　　　　　　月　　　日

★　⓪ から ⑨ までの 10 まいのカードと ．（小数点）のカードから、6 まいを選んでならべて小数をつくります。

| ． | 0 | 1 | 2 | 3 | 4 | 5 | 6 | 7 | 8 | 9 |

① 最も大きい小数をつくりましょう。

（　　　　　　　　　　　　　　）

② 2番目に小さい小数をつくりましょう。

（　　　　　　　　　　　　　　）

③ 40 に最も近い数をつくりましょう。

（　　　　　　　　　　　　　　）

④ 100 に最も近い数をつくりましょう。

（　　　　　　　　　　　　　　）

⑤ 1000 に最も近い数をつくりましょう。

（　　　　　　　　　　　　　　）

＼できた度／

☆ ☆ ☆ ☆ ☆

体積

★ 次のように長方形の厚紙の四すみを切り取って、ふたのない箱を作ります。

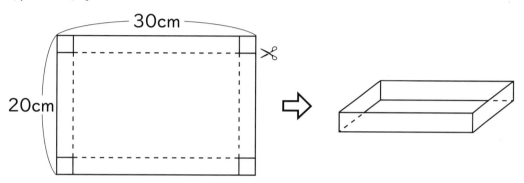

① 四すみを 2cm ずつ切り取ったとき、できあがる箱の容積を求めましょう。

式

答え _____

② この箱の容積が最も大きくなるのは、四すみを何 cm ずつ切り取ったときですか。ただし、切り取る長さは cm 単位の整数とします。

(　　　　　　　)

＼できた度／

☆☆☆☆☆

1 くふうして計算しましょう。

① $3.7 \times 2 \times 5$

② $2.5 \times 7.3 \times 4$

③ $6.4 \times 5.2 + 6.4 \times 4.8$

④ $0.8 \times 9.1 - 0.8 \times 7.1$

2 ①③⑤⑦のカードを下の □ の中に 1 まいずつ入れて、式をつくります。

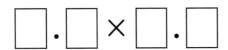

① 積が最も大きくなる式を書きましょう。

② 積が最も小さくなる式を書きましょう。

\できた度/
☆ ☆ ☆ ☆ ☆

1 2.4 mの重さが5.8kg の鉄のぼうがあります。このとき次の式の商は何を表していますか。

① 2.4 ÷ 5.8

(　　　　　　　　　　　　　　　)

② 5.8 ÷ 2.4

(　　　　　　　　　　　　　　　)

2 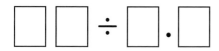 のカードを次の □ に 1 まいずつ入れて、式をつくります。

$$\boxed{}\,\boxed{} \div \boxed{}\,.\,\boxed{}$$

① 商が最も大きくなる式を書きましょう。

$$\boxed{}\,.\,\boxed{} \div \boxed{}\,.\,\boxed{}$$

② 商が最も小さくなる式書きましょう。

$$\boxed{}\,.\,\boxed{} \div \boxed{}\,.\,\boxed{}$$

＼できた度／

☆☆☆☆☆

月　　　　日
名前

1 次のように円の中心から半径をひいて三角形を作りました。
次の角が何度になるかを（　）、その理由を〔　〕に書きましょう。

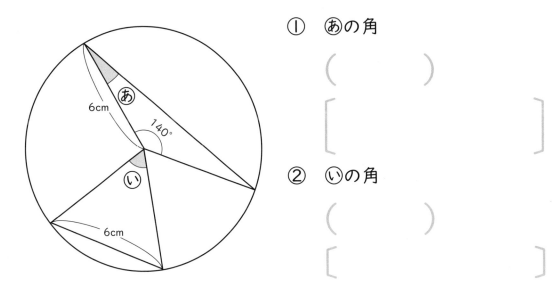

① あの角

（　　　　　　　）

〔　　　　　　　〕

② いの角

（　　　　　　　）

〔　　　　　　　〕

2 次の四角形の4つの角の大きさについて説明しています。説明の続きの（　）にあてはまる角度を書きましょう。

四角形を3つの三角形に分けました。3つの三角形の角の大きさの和は180°なので 180 × 3 = 540°です。

ところが、角 AEB、角 BEC、角 DEC も合わせてしまっています。

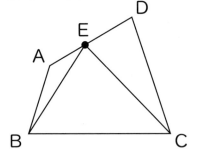

角 AEB ＋ 角 BEC ＋ 角 DEC は（　　　　　　　）なので、540°から

（　　　　　　　）をひくと、四角形 ABCD の4つの角が求められます。

\できた度/
☆☆☆☆☆

図形の面積

★ 次の太線で囲った図形の面積を求めましょう。

①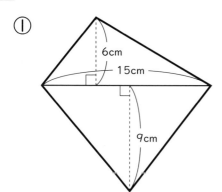

6cm
15cm
9cm

式

答え＿＿＿＿＿＿＿＿＿＿＿＿＿＿

②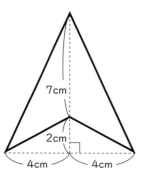

7cm
2cm
4cm　4cm

式

答え＿＿＿＿＿＿＿＿＿＿＿＿＿＿

③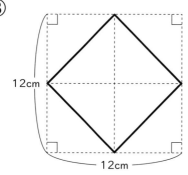

12cm
12cm

式

答え＿＿＿＿＿＿＿＿＿＿＿＿＿＿

\できた度/
☆☆☆☆☆

★　右の表は、学校の図書室で夏休み
に貸し出した本の数と割合を種類別
に表したものです。
　次の問題に答えましょう。

①　右の表の空いているところに、
　あてはまる数を書きましょう。

②　科学は全体の何分の一ですか。

（　　　　　　）

図書室で貸し出した
本の数と割合

種類	数（さつ）	割合（％）
物語	90	
科学	50	
図かん	20	
伝記	16	
その他	24	
合計	200	100

③　本の数の割合を下の円グラフ
　にかきましょう。

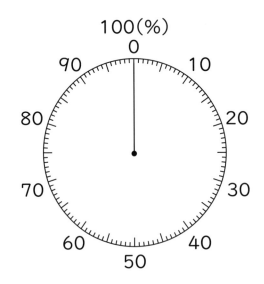

\できた度/
☆☆☆☆☆

－ 122 －

図形の面積

名前　　　　　　　　　　月　　　日

★　次のようなトイレットペーパーのしんを、図のようにななめに直線で切りました。

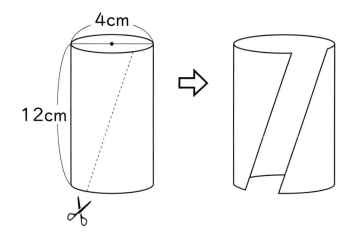

① 広げるとどんな形になりますか。

（　　　　　　　　　　　　　　　）

② ①の面積を求めましょう。

式

答え＿＿＿＿＿＿＿＿＿＿＿＿

\できた度/
☆☆☆☆☆

時間と分数

月　　　日
名前

★　時間を分数で表します。□ にあてはまる数を書きましょう。

①　1 時間は ☐ 分なので、分母は ☐ になります。

②　20 分は $\dfrac{}{}$ 時間、12 分は $\dfrac{}{}$ 時間です。

③　$\dfrac{15}{60}$ 時間は ☐ 分、$\dfrac{50}{60}$ 時間は ☐ 分です。

④　1 秒は $\dfrac{}{}$ 分です。

⑤　30 秒は $\dfrac{}{}$ 分、45 秒は $\dfrac{}{}$ 分です。

⑥　3 時間と 15 分を帯分数にすると ☐ $\dfrac{}{}$ 時間です。

⑦　$\dfrac{30}{60}$ 時間を小数にするときは、30 ÷ 60 と考えて

☐ 時間です。

\できた度/
☆☆☆☆☆

速さ

名前 _____ 月 ___ 日 ___

★ 全長 540 m の列車が、2760 m の鉄橋を時速 54km の速さで通ります。

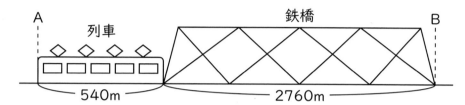

① この列車の速さを秒速になおしましょう。

式

答え _____

② この列車が鉄橋にさしかかったときの、列車の一番後ろと鉄橋の終点のきょりを求めましょう。

式

答え _____

③ A地点からB地点まで何秒かかるか計算しましょう。

式

答え _____

\ できた度 /
☆☆☆☆☆

こた
答え

整数と小数

p.4 チェック

1 ① 6、4、3
   ② 2、5、7
   ③ 7、9、0、1

2 ① <   ② >
   ③ >   ④ <

3 ① 26.4
   ② 264

4 ① 100 倍
   ② 10 倍

5 ① 61.5
   ② 6.15

6 ① $\frac{1}{10}$

   ② $\frac{1}{1000}$

   ③ $\frac{1}{100}$

7 2905 個

8 ① 25.3   ② 4840
   ③ 6907   ④ 1.28
   ⑤ 0.007   ⑥ 0.0356

p.6 ホップ

1 ① 上がる、右
   ② 下がる、左

2 ① 2、5、4、2
   ② 1、5、0、8

3 ① <   ② >

4 ① 6   ② 40   ③ 200
   ④ 1000   ⑤ 1246

5 ① 21.9   ② 6270
   ③ 0.521 ④ 0.103

p.8 ステップ

1 ① 247   ② 2470

2 ① 6.58   ② 0.658

3 ① 1000 倍 ② 100 倍

4 ① $\frac{1}{100}$ ② $\frac{1}{10}$

5 ① 8 個   ② 53 個   ③ 2708 個

6 ① 0.384 ② 6.72

7 ① $\frac{1}{10}$ ② $\frac{1}{100}$

8 ① 7.54   ② 0.754

p.10 たしかめ

1 ① 2、6、7
   ② 4、1、5
   ③ 9、0、3、2

2 ① >   ② <
   ③ <   ④ <

3 ① 50.3
   ② 503

4 ① 1000 倍
   ② 10 倍

5 ① 4.27
   ② 0.427

6 ① $\frac{1}{100}$

   ② $\frac{1}{1000}$

   ③ $\frac{1}{10}$

7 8203 個

8 ① 7.4   ② 9230
   ③ 1050   ④ 0.056
   ⑤ 0.0483 ⑥ 0.0573

体積

p.12 チェック

1 ① 式 $4 \times 2 \times 3 = 24$　答え　24cm^3
　② 式 $3 \times 3 \times 3 = 27$　答え　27m^3

2 式 $5 \times 4 \times 3 = 60$　答え　60cm^3

3 ① 2000　　② 3

4 ① 〈例〉式 $6 \times 6 \times 2 = 72$
　　　　　　$6 \times 4 \times 2 = 48$
　　　　　　$72 + 48 = 120$
　　　　　　答え　120cm^3
　② 〈例〉式 $9 \times 9 \times 9 = 729$
　　　　　　$5 \times 5 \times 5 = 125$
　　　　　　$729 - 125 = 604$
　　　　　　答え　604cm^3

5 ① 式 $(37 - 2) \times (22 - 2) \times (21 - 1)$
　　　　　$= 35 \times 20 \times 20 = 14000$
　　　　答え　14000cm^3
　② 式 $3.5\text{L} = 3500\text{cm}^3$
　　　　　$3500 \div 35 \div 20 = 5$
　　　　答え　5cm

p.14 ホップ

1 ① たて、横、高さ
　② 1辺、1辺、1辺

2 ① 式 $3 \times 5 \times 6 = 90$　答え　90cm^3
　② 式 $7 \times 7 \times 7 = 343$　答え　343cm^3
　③ 式 $4 \times 5 \times 8 = 160$　答え　160cm^3
　④ 式 $10 \times 10 \times 10 = 1000$
　　　答え　1000cm^3

3 $1\text{m}^3 = 100\text{cm} \times 100\text{cm} \times 100\text{cm}$
　　　$= 1000000\text{cm}^3$ だから、
　$2\text{m}^3 = 1000000\text{cm}^3 \times 2$
　　　$= 2000000\text{m}^3$

4 ① 7000000　② 30　　　③ 2000

5 式 $5 \times 5 \times 5 = 125$　答え　125cm^3

p.16 ステップ

1 式 $5 \times 4 \times 2 = 40$　答え　40cm^3

2 ① 〈例〉式 $4 \times 2 \times 2 = 16$
　　　　　　$4 \times 5 \times 2 = 40$
　　　　　　$16 + 40 = 56$　答え　56cm^3
　② 〈例〉式 $10 \times 12 \times 2 = 240$
　　　　　　$3 \times 4 \times 2 = 24$
　　　　　　$240 - 24 = 216$
　　　　　　答え　216m^3

3 ① 式 $210 \div (5 \times 7) = 6$　答え　6cm
　② 式 $4500 \div (25 \times 40) = 4.5$
　　　答え　4.5cm

4 ① 〈例〉式 $2 \times 6 \times 2 = 24$
　　　　　　$(5 - 2) \times 1 \times 2 = 6$
　　　　　　$24 + 6 = 30$　答え　30m^3
　② 式 $12 \times 10 \times 3 = 360$
　　　　$7 \times 6 \times 3 = 126$
　　　　$360 - 126 = 234$　答え　234m^3

p.18 たしかめ

1 ① 式 $4 \times 2.5 \times 8 = 80$　答え　80m^3
　② 式 $6 \times 6 \times 6 = 216$　答え　216m^3

2 式 $8 \times 8 \times 8 = 512$　答え　512cm^3

3 ① 10　　　　② 1

4 ① 〈例〉式 $6 \times 12 \times 4 = 288$
　　　　　　$6 \times (12 - 5 - 5) \times 6 = 72$
　　　　　　$288 + 72 = 360$
　　　　　　答え　360m^3
　② 〈例〉式 $3 \times (4 + 4 + 3) \times 6 = 180$
　　　　　　$3 \times 4 \times 2 = 24$
　　　　　　$198 - 24 = 174$
　　　　　　答え　174m^3

5 ① 式 $(42 - 2) \times (32 - 2) \times (31 - 1)$
　　　　　$= 36000$
　　　　答え　36000cm^3
　② 式 $1.2\text{L} = 1200\text{cm}^3$
　　　　$1200 \div 40 \div 30 = 1$　答え　1cm

比例

1 ①

水の量□(L)	1	2	3	4	5	6
水の深さ○(cm)	2	4	6	8	10	12

② 2倍、3倍、4倍……になる

③ 比例している

④ 20cm

2 (1) 比例していない

(2) ① 比例している

② 60cm^2

③ 12cm

1 ①

高さ□(cm)	1	2	3	4	5	6
体積○(cm³)	20	40	60	80	100	120

② 2倍、3倍、4倍……になる

③ 比例している

④ 200cm^3

⑤ 12cm

2 ① ×　　　② ◎

3 ① 72　　　② 480

1 ①

長さ□(m)	1	2	3	4	5	6
重さ○(kg)	2.4	4.8	7.2	9.6	12	14.4

② 比例している

③ □ × 2.4 ＝○

④ 24

⑤ 12

2 ① ×　　　② ◎　　　③ ×

3 ①

時間□(分)	1	2	3	4	5	6
水の量○(L)	1.2	2.4	3.6	4.8	6	7.2

② □ × 1.2 ＝○

1 ①

ケーキの数□(個)	1	2	3	4	5	6
代金○(円)	350	700	1050	1400	1750	2100

② 2倍、3倍、4倍……になる

③ 比例している

④ 4200円

2 (1) 比例していない

(2) ① 比例している

② 30L

③ 14分

小数のかけ算・わり算

p.28 チェック
1 ① 71.4　　② 328.5
　 ③ 364.5
2 ① 4　　② 6　　③ 1.2
3 ⑦, ⑦
4 式　8.7 × 5.3 = 46.11　　答え　46.11cm²
5 式　2.78 × 6.2 = 17.236　　答え　17.236kg
6 式　2.52 ÷ 4.2 = 0.6　　答え　0.6kg

p.30 ホップ
1 ① 19.17　　② 39.96　　③ 7.488
　 ④ 1.104　　⑤ 2.535　　⑥ 9.614
　 ⑦ 13.296　⑧ 59.204　⑨ 33.002
2 ① 3　　② 3　　③ 2
　 ④ 6　　⑤ 6　　⑥ 9
　 ⑦ 2.3　　⑧ 1.7

p.32 ステップ
1 ⑦、⑦
2 式　75 × 2.4 = 180　　答え　180 円
3 式　4.92 × 7.5 = 36.9　　答え　36.9m²
4 式　10.5 − 8.6 = 1.9
　　　8.6 × 1.9 = 16.34　　答え　16.34
5 ⑦、⑦
6 式　42 ÷ 7.5 = 5.6　　答え　5.6cm
7 式　3.5 ÷ 0.8 = 4 あまり 0.3
　　答え　4 人に配れて、0.3m あまる
8 式　6.8 ÷ 8.5 = 0.8　　答え　0.8kg

p.34 たしかめ
1 ① 7.68　　② 0.42　　③ 2.072
2 ① 2　　② 7　　③ 2.6
3 ⑦, ⑦
4 式　35.6 × 0.7 = 24.92　　答え　24.92kg
5 式　42 ÷ 7.5 = 5.6　　答え　5.6m
6 式　24 ÷ 1.8 = 13 あまり 0.6
　　答え　13 本できて、0.6L あまる

合同な図形

p.36 チェック
1 Ⓐ ⑦　　　　　Ⓑ ⑦
2 ① 頂点 E
　 ② 3.5cm
　 ③ 70°
3 〈例〉

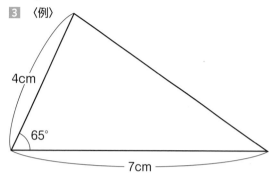

4 解答省略
5 解答省略

p.38 ホップ
1 合同、合同
2 ⑦, ㊦　　　⑦, ㋔　　　㊉, ㋔
3 ① 頂点 E　　② 辺 DF　　③ 角 F
4 ⑦、㋔
5 合同であるとはいえない

p.40 ステップ
1 ① 〈例〉

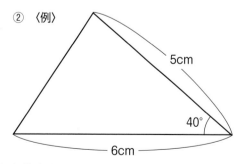

② 〈例〉

2 解答省略
3 ① 解答省略
　 ② 解答省略

p.42　たしかめ

1 Ⓐ ⊥　　　　　Ⓑ ⑦

2 ① 頂点 F

　　② 3cm

　　③ 95°

3 〈例〉

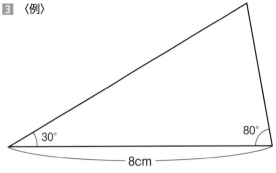

4 解答省略

5 〈例〉

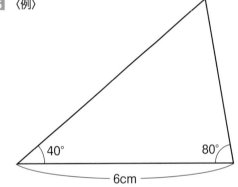

整数の性質

p.44　チェック

1 ① 偶数　　　② 奇数　　　③ 偶数

2 ① 3、6、9

　　② 4、8、12

3 12、18、24

4 ① 1、2、3、6

　　② 1、2、4、8

5 ① 12、24、36

　　② 12、24、36

6 ① 15　　　　② 24

7 ① 1、2、4

　　② 1、3、9

8 ① 3　　　　② 8

9 40cm

p.46　ホップ

1 偶数、奇数

2 偶数　0、4、28、106

　　奇数　3、11、57

3 6、12、48、60

4 ① 56、112、168

　　② 63、126、189

5 ① 1、2、3、4、6、8、12、24

　　② 1、2、4、8、16、32、64

6 ① 1、2、3、4、6、12

　　② 1、3、9

7 ① 12、24、36

　　② 210、420、630

8 ① 1、2、4

　　② 1、2、3、6

p.48　ステップ

1 ① 24　　② 14

　　③ 60　　④ 45

2 ① 2　　② 6

　　③ 9　　④ 16

3 最小公倍数　360

　　最大公約数　6

4 72 の約数のとき

5 1487

6 午前 9 時 45 分

7 18cm

p.50 たしかめ

1 ① 偶数　　② 奇数　　③ 偶数

2 ① 7、14、21
　　② 12、24、36

3 18、27、36

4 ① 1、2、3、4、6、9、12、18、36
　　② 1、2、3、5、6、9、10、15、30、45、90

5 ① 24、48、72
　　② 48、96、144

6 ① 18　　　　② 54

7 ① 1、2、4
　　② 1、2、3、6

8 ① 7　　② 9

9 6人

図形の角

p.52 チェック

1 ① 70°　　② 30°
　　③ 55°　　④ 70°

2 165°

3 ① 110°　　② 125°
　　③ 80°　　④ 40°

4 180°、540°

p.54 ホップ

1 ⑦ 45°　　　④ 90°　　　⑦ 45°
　　⑦ 60°　　　④ 90°　　　⑦ 30°
　　① 180°　　② 180°

2 ① 180°
　　② 三角形、2、360°

3 ① 七角形　　② 5つ　　③ 900°

4

	辺の数(本)	三角形の数(つ)	角の大きさの和(°)
三角形	3	1	180
四角形	4	2	360
五角形	5	3	540
六角形	6	4	720
七角形	7	5	900

p.56 ステップ

1 ① 60°　　② 30°
　　③ 115°　　④ 55°

2 75°

3 ① 70°　② 80°
　　③ 60°　④ 130°

4 ① 6つ
　　② 1080°

p.58 たしかめ

1 ① 40°　　② 30°
　　③ 115°　　④ 145°

2 105°

3 ① 40°　　② 80°
　　③ 105　　④ 50°

4 180°、1080°

分数のたし算・ひき算

p.60　チェック

1 ① $<$　　　② $>$

2 ① $\dfrac{1}{3}$　　　② $\dfrac{1}{4}$

3 ① $\dfrac{14}{15}$　　　② $\dfrac{2}{3}$

　　③ $\dfrac{13}{24}$　　　④ $\dfrac{7}{20}$

4 ① $1\dfrac{7}{12}$　　　② $3\dfrac{7}{12}$

　　③ $\dfrac{7}{10}$　　　④ $1\dfrac{3}{20}$

5 式 $\dfrac{2}{5}+\dfrac{1}{4}=\dfrac{13}{20}$　　答え $\dfrac{13}{20}$

6 式 $\dfrac{5}{6}-\dfrac{3}{8}=\dfrac{11}{24}$　　答え $\dfrac{11}{24}$ kg

p.62　ホップ

1 ① ㋐ 5　　㋑ 5　　㋒ 2　　㋓ 2
　　② ㋐ 4　　㋑ 4　　㋒ 3　　㋓ 3

2 ① $\dfrac{3}{5}$　　　② $\dfrac{7}{12}$

　　③ $\dfrac{1}{3}$　　　④ $\dfrac{7}{11}$

3 ① $\dfrac{5}{15}$，$\dfrac{6}{15}$

　　② $\dfrac{55}{30}$，$\dfrac{21}{30}$

4 ㋑、㋕

5 ① $\dfrac{25}{24}$　　　② $\dfrac{25}{28}$

　　③ $\dfrac{17}{15}$　　　④ $\dfrac{5}{6}$

　　⑤ $\dfrac{1}{12}$　　　⑥ $\dfrac{2}{9}$

　　⑦ $\dfrac{1}{4}$　　　⑧ $\dfrac{1}{3}$

p.64　ステップ

1 ① $3\dfrac{17}{35}$　　　② $3\dfrac{7}{9}$

　　③ $6\dfrac{1}{12}$　　　④ $3\dfrac{1}{14}$

　　⑤ $1\dfrac{7}{12}$　　　⑥ $\dfrac{13}{14}$

　　⑦ $2\dfrac{1}{6}$　　　⑧ $1\dfrac{4}{15}$

2 式 $1\dfrac{3}{10}+3\dfrac{1}{6}=4\dfrac{7}{15}$

　　答え $4\dfrac{7}{15}$ 周

3 式 $\dfrac{3}{5}-\dfrac{4}{7}=\dfrac{1}{35}$

　　答え　赤いテープが $\dfrac{1}{35}$ m 長い

4 式 $93\dfrac{19}{40}-62\dfrac{3}{5}=30\dfrac{7}{8}$

　　$62\dfrac{3}{5}-30\dfrac{7}{8}=31\dfrac{29}{40}$

　　答え　$31\dfrac{29}{40}$ kg

p.66　たしかめ

1 20、5

2 ① $=$　　　② $<$

3 ① $\dfrac{5}{7}$　　　② $\dfrac{5}{9}$

4 ① $\dfrac{25}{28}$　　　② $\dfrac{61}{30}$

　　③ $\dfrac{1}{12}$　　　④ $\dfrac{8}{15}$

5 ① $3\dfrac{31}{45}$　　　② $4\dfrac{7}{12}$

　　③ $1\dfrac{7}{12}$　　　④ $2\dfrac{3}{20}$

6 式 $\dfrac{1}{4}+\dfrac{1}{5}=\dfrac{9}{20}$　　答え $\dfrac{9}{20}$

7 式 $\dfrac{4}{7}-\dfrac{5}{9}=\dfrac{1}{63}$　　答え $\dfrac{1}{63}$ kg

分数と小数・整数の関係

1 ① $\dfrac{4}{9}$　② $\dfrac{6}{13}$

　　③ $\dfrac{5}{3}$　④ $\dfrac{14}{19}$

2 ① $11 \div 7$　② $5 \div 3$

　　③ $2 \div 9$　④ $4 \div 15$

3 ① 2.75　② 0.5

　　③ 2.8　④ 0.25

4 ① $\dfrac{12}{7}$ 倍　② $\dfrac{8}{3}$

5 ① $\dfrac{7}{10}$　② $\dfrac{23}{10}$

　　③ $\dfrac{564}{100}$　④ $\dfrac{109}{100}$

6 ① 0.9　② 0.5

7 ① 9倍　② $\dfrac{1}{9}$ 倍

1 ① 4　② 6

　　③ 8　④ 2

　　⑤ 5　⑥ 12

2 ① $\dfrac{17}{31}$　② $\dfrac{2}{15}$

3 ① $\dfrac{7}{2}$ 倍　② $\dfrac{21}{6}$

4 ① 0.6　② 4.5

　　③ 3　④ 0.375

　　⑤ 1.25　⑥ 4.8

5 ① $\dfrac{6}{10}$　② $\dfrac{27}{10}$

　　③ $\dfrac{318}{100}$　④ $\dfrac{504}{100}$

6 ① ＞　② ＜

　　③ ＜　④ ＜

1 ① $24 \div 6 = 4$ （倍）

　　② $44 \div 6 = \dfrac{44}{6}$ （倍）

　　③ $\dfrac{44}{24}$　④ 0.25

2 ① 0.6　② 3.33

　　③ 0.44　④ 1.25

3 ① $\dfrac{11}{20}$　② $\dfrac{53}{30}$

　　③ $\dfrac{13}{20}$　④ $\dfrac{17}{10}$

4 式　$27.5 \div 11 = 2.5$　　答え　2.5倍

1 ① $\dfrac{7}{10}$　② $\dfrac{11}{16}$

　　③ $\dfrac{4}{17}$　④ $\dfrac{9}{2}$

2 ① $1 \div 6$　② $8 \div 13$

　　③ $4 \div 17$　④ $5 \div 3$

3 ① 0.75　② 0.6

　　③ 3　④ 4.5

4 ① $\dfrac{7}{15}$ 倍

　　② $\dfrac{2}{5}$

5 ① $\dfrac{4}{10}$　② $\dfrac{35}{10}$

　　③ $\dfrac{127}{100}$　④ $\dfrac{69}{100}$

6 ① 0.95　② 0.45

7 ① $\dfrac{8}{13}$ 倍　② $\dfrac{13}{8}$ 倍

平均と単位量あたりの大きさ

p.76　チェック

1 式　$(3 + 2 + 4 + 0 + 2) ÷ 5 = 2.2$
　　答え　2.2人

2 ①　A　式　$9 ÷ 20 = 0.45$　答え　$0.45 m^2$
　　　　B　式　$12 ÷ 30 = 0.4$　答え　$0.4 m^2$
　　　　C　式　$20 ÷ 40 = 0.5$　答え　$0.5 m^2$
　　②　B → A → C

3 式　$(75 + 95 + 100) ÷ 3 = 90$　　答え　90点

4 式　$80 × 4 = 320$　　答え　320点

5 式　$240 ÷ 4 = 60$　　答え　時速60km

6 式　$90 ÷ 1.5 = 60$　　答え　60秒

p.78　ホップ

1 ①　5、63.2
　　②　50、46、6、50

2 式　$(75 + 100 + 95) ÷ 3 = 90$
　　答え　90点

3 式　$9 × 7 = 63$
　　　　$63 - (7 + 13 + 9 + 11 + 6 + 10) = 7$
　　答え　7個

4 ①　式　$(10 + 5 + 12) ÷ 3 = 9$
　　　　　　$3m10cm + 9cm = 3m19cm$
　　②　式　$20 × 4 = 80$
　　　　　　$80 - 19 × 3 = 23$　　答え　3m23cm

p.80　ステップ

1 ①　〈畑A〉式　$3000 ÷ 12 = 250$
　　　　　　　　答え　250kg
　　　　〈畑B〉式　$1920 ÷ 8 = 240$
　　　　　　　　答え　240kg
　　②　畑A

2 式　$19760 ÷ 38 = 520$　　答え　520

3 式　$171 ÷ 3 = 57$　　答え　時速57km

4 式　$7 × 15 = 105$　　答え　105m

5 式　$1125 ÷ 150 = 7.5$
　　答え　7分30秒（7.5分）

p.82　たしかめ

1 式　$(5 + 7 + 6 + 4 + 8) ÷ 5 = 6$
　　答え　6皿

2 ①　〈南小学校〉式　$12250 ÷ 980 = 12.5$
　　　　　　　　　　答え　$12.5 m^2$
　　　　〈北小学校〉式　$6480 ÷ 540 = 12$
　　　　　　　　　　答え　$12 m^2$

　　②　〈南小学校〉式　$980 ÷ 12250 = 0.08$
　　　　　　　　　　答え　0.08人
　　　　〈北小学校〉式　$540 ÷ 6480 = 0.083……$
　　　　　　　　　　答え　0.083人

　　③　北小学校

3 式　$(60 + 57 + 62 + 61 + 62 + 58) ÷ 6 = 60$
　　答え　60g

4 式　$(47 × 5 + 56) ÷ 6 = 48.5$
　　答え　48.5kg

5 式　$300 × 15 = 4500$　　答え　4500m

6 式　$12km = 12000m$
　　　　$12000 ÷ 240 = 50$　　答え　50秒

割合

p.84　チェック

1 ① 2%　　　　② 46%

　　③ 100%　　　④ 95%

2 ① 0.4　　　　② 0.78

　　③ 0.09　　　　④ 1

3 ① 1割7分　　② 8割

　　③ 6割5分　　④ 2割7分3厘

　　⑤ 0.27　　　⑥ 0.5

　　⑦ 0.33　　　⑧ 0.786

4 式　6 ÷ 15 = 0.4　　答え　40%

5 式　150% = 1.5

　　120 × 1.5 = 180　　答え　180個

6 式　20% = 0.2

　　15 ÷ 0.2 = 75　　答え　75人

p.86　ホップ

1 ① 6%　　　　② 82%

　　③ 50%　　　　④ 143%

2 ① 0.08　　　② 0.25

　　③ 0.6　　　　④ 0.174

3 ① 4割7分　　② 8分

　　③ 0.85　　　④ 0.4

4 比べられる量、もとにする量

5 ① 7本　4本

　　② 12問　8題

　　③ 32人　4人

6 ① 0.375　　② 760　　③ 150

p.88　ステップ

1 式　8 ÷ 32 = 0.25　　答え　25%

2 式　3 ÷ 15 = 0.2　　答え　20%

3 式　65 × 0.6 = 39　　答え　39人

4 式　40 × 1.25 = 50　　答え　50人

5 式　30 ÷ 0.08 = 400　　答え　400人

6 式　1095 ÷ 0.75 = 1460　　答え　1460円

p.90　たしかめ

1 ① 4%　　　　② 83%

　　③ 150%　　　④ 108%

2 ① 0.7　　　　② 0.05

　　③ 1.8　　　　④ 2

3 ① 6割5分　　② 3割

　　③ 2割7分3厘　④ 1分8厘

　　⑤ 0.33　　　⑥ 1.2

　　⑦ 0.099　　　⑧ 0.786

4 式　16 ÷ 20 = 0.8　　答え　80%

5 式　960 × 0.8 = 768　　答え　768円

6 式　120 ÷ 0.75 = 160　　答え　160ページ

正多角形と円

p.92　チェック

1 ⃝、正五角形　　⃝、正六角形

2

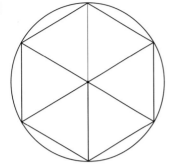

3 ① 式　6 × 3.14 = 18.84　　答え　18.84cm
　　② 式　94.2 ÷ 3.14 = 30　　答え　30cm

4 ① 式　10 × 2 × 3.14 = 62.8
　　　　　62.8 ÷ 2 = 31.4
　　　　　31.4 + 10 × 2 = 51.4
　　　　答え　51.4cm
　　② 式　5 × 2 × 3.14 ÷ 2 = 15.7
　　　　　15.7 + 5 × 2 = 25.7　　答え　25.7cm

p.94　ホップ

1 ① 全ての辺の長さが等しい
　　② 全ての角の大きさが等しい

2 全ての辺と角の大きさが等しいのが正多角形であり、このひし形は角度が等しくないから。

3 ① 60°　　② 45°

4 ① 正五角形　② 正六角形
　　③ 正八角形　④ 正七角形

5 ① 72°　　② 54°　　③ 108°

p.96　ステップ

1 ① 式　12 × 3.14 = 37.68　　答え　37.68cm
　　② 式　20 × 3.14 = 62.8　　答え 62.8cm
　　③ 式　4 × 2 × 3.14 = 25.12
　　　　答え　25.12cm
　　④ 式　9 × 2 × 3.14 = 56.52
　　　　答え　56.52cm

2 式　25.12 ÷ 3.14 = 8　　答え　8cm

3 ① 式　31.4 ÷ 3.14 ÷ 2 = 5　　答え　5cm
　　② 式　157 ÷ 3.14 ÷ 2 = 25　　答え　25cm

4 ① 式　5 × 2 × 3.14 ÷ 4 = 7.85
　　　　　7.85 + 5 × 2 = 17.85
　　　　答え　17.85cm

　　② 式　4 × 3.14 ÷ 2 = 6.28
　　　　　8 × 3.14 ÷ 2 = 12.56
　　　　　(4 + 8) × 3.14 ÷ 2 = 18.84
　　　　　6.28 + 12.56 + 18.84 = 37.68
　　　　答え　37.68cm

p.98　たしかめ

1 ⃝、正八角形　　⃝、正三角形

2

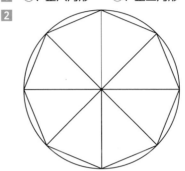

3 ① 式　10 × 3.14 = 31.4　　答え　31.4cm
　　② 式　47.1 ÷ 3.14 ÷ 2 = 7.5
　　　　答え　7.5cm

4 ① 式　12 × 2 × 3.14 ÷ 2 = 37.68
　　　　答え　37.68cm
　　② 式　20 × 3.14 = 62.8
　　　　　20 × 2 × 3.14 ÷ 2 = 62.8
　　　　　62.8 + 62.8 = 125.6
　　　　答え　125.6cm

図形の面積

p.100　チェック
1 ① 底辺、高さ
　　② 底辺、2
2 式　4 × 3 = 12　　答え　12cm²
3 式　3 × 3 ÷ 2 = 4.5　　答え　4.5cm²
4 式　(2 + 5) × 4 ÷ 2 = 14　　答え　14cm²
5 式　3 × 6 ÷ 2 = 9　　答え　9cm²
6 式　18 ÷ 2 = 9　　答え　9cm
7 式　(27 − 6) × (18 − 3) = 315
　　答え　315cm²

p.102　ホップ
1 ① ㋔　　　　② ㋑
2 ① 式　18 × 12 = 216　　答え　216m²
　　② 式　4 × 6 = 24　　答え　24m²
3 式　45 ÷ 7.5 = 6　　答え　6cm
4 ① ㋗　　　　　② ㋔
5 ① 式　8 × 5 ÷ 2 = 20　　答え　20cm²
　　② 式　6 × 6 ÷ 2 = 18　　答え　18cm²
6 式　40 ÷ 10 × 2 = 8　　答え　8cm

p.104　ステップ
1 ① 式　(4 + 8) × 7 ÷ 2 = 42
　　　　答え　42cm²
　　② 式　(7 + 3) × 5 ÷ 2 = 25
　　　　答え　25cm²
2 式　6 × 10 ÷ 2 = 30　　答え　30cm²
3 ① 式　8 × 4 × 2 = 64　　答え　64cm²
　　② 式　6 × 8 = 48
　　　　　8 × 6 ÷ 2 = 24
　　　　　48 + 24 = 72　　答え　72cm²
4 式　(27 − 6) × 18 = 378　　答え　378cm²

p.106　たしかめ
1 ① 上底、下底
　　② 対角線、対角線
2 式　3 × 5 ÷ 2 = 7.5　　答え　7.5cm²
3 式　6 × 2 = 12　　答え　12cm²
4 式　8 × 5 ÷ 2 = 20　　答え　20cm²
5 式　(8 + 4) × 5 ÷ 2 = 30　　答え　30cm²
6 ① 式　48 × 2 ÷ 12 = 8　　答え　8cm
　　② 式　64 ÷ 8 = 8　　答え　8cm
7 式　27 × (18 − 3) = 405　　答え　405cm²

角柱と円柱

p.108　チェック
1 ① ㋐　三角柱　　　　㋑　五角柱
　　　㋒　六角柱
　　② ㋐　3つ　㋑　5つ　㋒　6つ
2 ① 2つ
　　② 五角形
　　③ 5つ
　　④ 垂直になっている
3 ① 辺 AD、辺 BE、辺 CF
　　② 辺 EF
　　③ 辺 BE、辺 CF
　　④

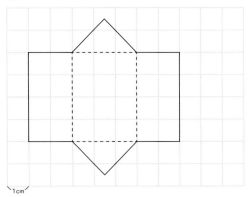

1cm

p.110　ホップ
1 ㋐　底面　　　　㋑　側面
2 角柱　㋒、㋔
　　円柱　㋑、㋕
3

	㋐	㋑	㋒
立体の名前	五角柱	六角柱	円柱
底面の形	五角形	六角形	円
側面の数	5	6	——
頂点の数	10	12	——
辺の数	15	18	——

4 ① 平行　　　　② 垂直
　　③ 正方形、長方形（順不同）
　　④ 高さ

p.112　ステップ

1　① 正六角柱

　　② ⑦, ⑦

　　③ 6cm

　　④ 18cm

　　⑤ B, Q

2　⑦

3

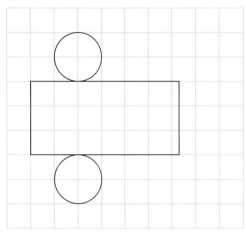

p.114　たしかめ

1　① ⑦　三角形　　⑦　六角形

　　　⑦　円

　　② ⑦　6個　　⑦　12個

2　① 2つ

　　② 六角形

　　③ 6つ

　　④ 垂直になっている

3　① 12.56cm

　　② 長方形

　　③ 底面の円の円周

　　④

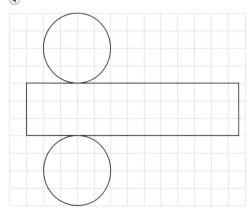

ジャンプ

p.116　整数と小数

★　① 9876.5

　　② 0.1235

　　③ 40.123

　　④ 98.765

　　⑤ 987.65

p.117　体積

★　① 式　(20 − 4) × (30 − 4) × 2 = 832

　　　　答え　832cm³

　　② 4cm

p.118　小数のかけ算

1　※以下の解き方は一例です。

　　① 3.7 × 2 × 5 = 3.7 × 10 = 37

　　② 2.5 × 7.3 × 4 = 7.3 × 2.5 × 4

　　　 = 7.3 × 10 = 73

　　③ 6.4 × 5.2 + 6.4 × 4.8 = 6.4 × (5.2 + 4.8)

　　　 = 6.4 × 10 = 64

　　④ 0.8 × 9.1 − 0.8 × 7.1 = 0.8 × (9.1 − 7.1)

　　　 = 0.8 × 2 = 1.6

2　① 7.1 × 5.3

　　② 1.5 × 3.7

p.119　小数のわり算

1　① 鉄のぼう1kg あたりの重さ

　　② 鉄のぼう1m あたりの長さ

2　① 32 ÷ 0.1

　　② 10 ÷ 3.2

p.120　図形の角

1　① 20°

　　　〈例〉二等辺三角形なので140°以外の角は等
　　　　　しい。(180 − 140) ÷ 2 = 20 で、20°
　　　　　になるため。

　　② 60°

　　　〈例〉正三角形なので、1つの角は 180 ÷ 3
　　　　　= 60 で 60°になるため。

2　180°、180°

p.121　図形の面積

★　① 式　$15 \times 6 \div 2 = 45$

　　　　　$15 \times 9 \div 2 = 67.5$

　　　　　$45 + 67.5 = 112.5$

　　　答え　112.5cm^2

　② 式　$(4 + 4) \times (7 + 2) \div 2 = 36$

　　　　　$(4 + 4) \times 2 \div 2 = 8$

　　　　　$36 - 8 = 28$

　　　答え　28cm^2

　③ 式　$12 \times 6 \div 2 \times 2 = 72$

　　　答え　72cm^2

p.122　割合

★　①

図書室で貸し出した
本の数と割合

種類	数（さつ）	割合（％）
物語	90	45
科学	50	25
図かん	20	10
伝記	16	8
その他	24	12
合計	200	100

　② $\dfrac{1}{4}$

　③

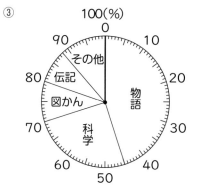

p.123　図形の面積

★　① 平行四辺形

　② 式　$4 \times 3.14 = 12.56$

　　　　　$12.56 \times 12 = 150.72$

　　　答え　150.72cm^2

p.124　時間と分数

★　① 60、60

　② $\dfrac{20}{60}$、$\dfrac{12}{60}$

　③ 15、50

　④ $\dfrac{1}{60}$

　⑤ $\dfrac{30}{60}$、$\dfrac{45}{60}$

　⑥ $3\dfrac{15}{60}$

　⑦ 0.5

p.125　速さ

　① 式　$54\text{km} = 54000\text{m}$

　　　　　$54000 \div 60 \div 60 = 15$

　　　答え　秒速15m

　② 式　$540 + 2760 = 3300$　　答え　3300m

　③ 式　$3300 \div 15 = 220$　　答え　220秒

学力の基礎をきたえどの子も伸ばす研究会

常任委員長　岸本ひとみ

HPアドレス　http://gakuryoku.info/

事務局　〒675-0032 加古川市加古川町備後 178-1-2-102 岸本ひとみ方　☎-Fax 0794-26-5133

① めざすもの

　私たちは、すべての子どもたちが、日本国憲法と子どもの権利条約の精神に基づき、確かな学力の形成を通して豊かな人格の発達が保障され、民主平和の日本の主権者として成長することを願っています。しかし、発達の基礎ともいうべき学力の基礎を鍛えられないまま落ちこぼれている子どもたちが普遍化し、「荒れ」の情況があちこちで出てきています。

　私たちは、「見える学力、見えない学力」を共に養うこと、すなわち、基礎の学習をやり遂げさせることと、読書やいろいろな体験を積むことを通して、子どもたちが「自信と誇りとやる気」を持てるようになると考えています。

　私たちは、人格の発達が歪められている情況の中で、それを克服し、子どもたちが豊かに成長するような実践に挑戦します。

　そのために、つぎのような研究と活動を進めていきます。

　　①　「読み・書き・計算」を基軸とした学力の基礎をきたえる実践の創造と普及。

　　②　豊かで確かな学力づくりと子どもを励ます指導と評価の研究。

　　③　特別な力量や経験がなくても、その気になれば「いつでも・どこでも・だれでも」ができる実践の普及。

　　④　子どもの発達を軸とした父母・国民・他の民間教育団体との協力、共同。

　私たちの実践が、大多数の教職員や父母・国民の方々に支持され、大きな教育運動になるような地道な努力を継続していきます。

② 会　員

・本会の「めざすもの」を認め、会費を納入する人は、会員になることができる。

・会費は、年4000円とし、7月末までに納入すること。①または②

①郵便番号　口座振込　00920-9-319769	②ゆうちょ銀行
名　　称　学力の基礎をきたえどの子も伸ばす研究会	店番099　店名〇九九店　当座 0319769（ゼロキュウキュウ）

・特典　研究会をする場合、講師派遣の補助を受けることができる。

　　　　大会参加費の割引を受けることができる。

　　　　学力研ニュース、研究会などの案内を無料で送付してもらうことができる。

　　　　自分の実践を学力研ニュースなどに発表することができる。

　　　　研究の部会を作り、会場費などの補助を受けることができる。

　　　　地域サークルを作り、会場費の補助を受けることができる。

③ 活　動

全国家庭塾連絡会と協力して以下の活動を行う。

・全 国 大 会　全国の研究、実践の交流、深化をはかる場とし、年1回開催する。通常、夏に行う。

・地域別集会　地域の研究、実践の交流、深化をはかる場とし、年1回開催する。

・合宿研究会　研究、実践をさらに深化するために行う。

・地域サークル　日常の研究、実践の交流、深化の場であり、本会の基本活動である。

　　　　　　　　可能な限り月1回の月例会を行う。

・全国キャラバン　地域の要請に基づいて講師派遣をする。

全 国 家 庭 塾 連 絡 会

① めざすもの

　私たちは、日本国憲法と教育基本法の精神に基づき、すべての子どもたちが確かな学力と豊かな人格を身につけて、わが国の主権者として成長することを願っています。しかし、わが子も含めて、能力があるにもかかわらず、必要な学力が身につかないままになっている子どもたちがたくさんいることに心を痛めています。

　私たちは学力研が追究している教育活動に学びながら、「全国家庭塾連絡会」を結成しました。

　この会は、わが子に家庭学習の習慣化を促すことを主な活動内容とする家庭塾運動の交流と普及を目的としています。

　私たちの試みが、多くの父母や教職員、市民の方々に支持され、地域に根ざした大きな運動になるよう学力研と連携しながら努力を継続していきます。

② 会　員

本会の「めざすもの」を認め、会費を納入する人は会員になれる。

会費は年額1500円とし（団体加入は年額3000円）、8月末までに納入する。

会員は会報や連絡交流会の案内、学力研集会の情報などをもらえる。

事務局　〒564-0041 大阪府吹田市泉町4-29-13 影浦邦子方　☎-Fax 06-6380-0420
郵便振替　口座番号　00900-1-109969　　名称　全国家庭塾連絡会

ぎゃくてん！ 算数ドリル　小学5年生

2022年4月20日　発行

●著者／川岸 雅詩

●発行者／面屋 尚志

●発行所／フォーラム・A

　〒530-0056　大阪市北区兎我野町15-13-305

　TEL／06-6365-5606　FAX／06-6365-5607

　振替／00970-3-127184

●印刷・製本／株式会社 光邦

●デザイン／有限会社ウエナカデザイン事務所

●制作担当編集／樫内 真名生

●企画／清風堂書店

●HP／http://foruma.co.jp/

※乱丁・落丁本はおとりかえいたします。